高职高专园林类专业"十三五"规划教材
园林技术专业基于工作过程系统化教材

园林植物生产技术

主　编　张淑琴
副主编　杨建华　唐宇翀

华中科技大学出版社
中国·武汉

内 容 提 要

本书内容主要分为四部分:草坪草生产技术、花卉生产技术、灌木生产技术、乔木生产技术。花卉生产技术包括一二年生花卉生产技术、宿根花卉生产技术、球根花卉生产技术。灌木生产技术包括常绿灌木生产技术、落叶灌木生产技术。乔木生产技术包括常绿乔木生产技术、落叶乔木生产技术。

本书采用项目式编写方式,每一个项目都有任务单、资讯单、信息单、计划单、决策单、材料工具清单、实施单、作业单、检查单、评价单、教学反馈单。整个教学过程以任务驱动为主,学生参与度较高,改变了传统的教学方式。

图书在版编目(CIP)数据

园林植物生产技术/张淑琴主编. —武汉:华中科技大学出版社,2017.12
高职高专园林类专业"十三五"规划教材
ISBN 978-7-5680-3507-1

Ⅰ.①园… Ⅱ.①张… Ⅲ.①园林植物-观赏园艺-高等职业教育-教材 Ⅳ.①S688

中国版本图书馆 CIP 数据核字(2017)第 289382 号

园林植物生产技术 张淑琴 主编
Yuanlin Zhiwu Shengchan Jishu

策划编辑:周永华	
责任编辑:周永华	
封面设计:原色设计	
责任校对:张会军	
责任监印:朱 玢	
出版发行:华中科技大学出版社(中国·武汉)	电话:(027)81321913
武汉市东湖新技术开发区华工科技园	邮编:430223
录　排:武汉楚海文化传播有限公司	
印　刷:武汉精一佳印刷有限公司	
开　本:787mm×1092mm　1/16	
印　张:14.5	
字　数:348 千字	
版　次:2017 年 12 月第 1 版第 1 次印刷	
定　价:49.80 元	

本书若有印装质量问题,请向出版社营销中心调换
全国免费服务热线: 400-6679-118　竭诚为您服务
版权所有　侵权必究

前　言

本书以"突出培养学生的实际操作能力与自学能力,强调学中做、做中学"的原则来进行编写。依据基于工作过程的系统化项目教学方式,突出对学生职业能力的培养。本书共有4个学习项目,具体内容如下。

项目一:草坪草生产技术。通过建植与养护草坪,使学生能够掌握草坪建植的各种方式及养护措施,完成园林草坪的建植与养护工作。

项目二:花卉生产技术。通过育苗、栽植、养护一二年生花卉、宿根花卉、球根花卉,使学生能够掌握一二年生花卉、宿根花卉、球根花卉的各种育苗方式、栽植技术、养护管理措施,完成园林花卉的栽培与养护工作。

项目三:灌木生产技术。通过育苗、栽植、养护常绿灌木、落叶灌木,使学生能够掌握常绿灌木、落叶灌木的各种育苗方式、栽植技术、养护管理措施,完成园林灌木的栽培与养护工作。

项目四:乔木生产技术。通过育苗、栽植、养护常绿乔木与落叶乔木,使学生能够掌握常绿乔木、落叶乔木的各种育苗方式、栽植技术、养护管理措施,完成园林乔木的栽培与养护工作。

本课程的建议教学学时数为150个,各项目的教学学时数参考每个任务的任务单。本课程的教学应在"教、学、做"一体化的实训场进行,以提高学生的职业能力。本书的主要特色如下。

1. 为培养园林技术专业学生的综合职业能力,按照"以能力为本位,以职业实践为主线,以苗圃基地为载体,以完整的工作过程为行动体系"的总体设计要求,培养学生的园林植物栽培与养护技能,紧紧围绕工作任务来选择和组织课程内容,突出工作任务和知识的紧密性。

2. 打破了传统的以园林植物栽培与养护基础、园林苗圃的建立、园林植物种实生产、园林植物的繁育、园林植物的露地栽培技术、园林植物的移植、园林植物的养护管理为主要内容的课程体系,不以系统化的知识串联课程体系,而以完成工作任务为目标串联课程体系,以园林苗圃为载体,使学生在工作过程中掌握园林植物生产技术,锻炼学生的自主学习能力和实践操作能力,提高学生的技能水平。

3. 与企业专家共同设计教学项目,项目的选择具有典型性、实用性、职业性和可拓展性。教学中采用行动导向的教学模式和"教、学、做"相结合的教学方法,分资讯、计划、决策、实施、检查和评价等步骤进行教学。

本书由广安职业技术学院张淑琴任主编。其中,项目1由唐宇翀编写,项目2由杨建华编写,项目3、项目4由张淑琴编写。

由于编者水平有限,编写时间仓促,书中难免有不当之处,真诚希望广大读者批评指正。

编 者

2017年8月

目 录

项目1 草坪草生产技术 ……………………………………………………………（1）
  任务单 ……………………………………………………………………（1）
  资讯单 ……………………………………………………………………（4）
  信息单 ……………………………………………………………………（5）
  计划单 ……………………………………………………………………（40）
  决策单 ……………………………………………………………………（41）
  材料工具清单 ……………………………………………………………（42）
  实施单 ……………………………………………………………………（43）
  作业单 ……………………………………………………………………（44）
  检查单 ……………………………………………………………………（45）
  评价单 ……………………………………………………………………（46）
  教学反馈单 ………………………………………………………………（47）

项目2 花卉生产技术 ………………………………………………………………（48）
 任务1 一二年生花卉生产技术 …………………………………………………（48）
  任务单 ……………………………………………………………………（48）
  资讯单 ……………………………………………………………………（50）
  信息单 ……………………………………………………………………（51）
  计划单 ……………………………………………………………………（60）
  决策单 ……………………………………………………………………（61）
  材料工具清单 ……………………………………………………………（62）
  实施单 ……………………………………………………………………（63）
  作业单 ……………………………………………………………………（64）
  检查单 ……………………………………………………………………（65）
  评价单 ……………………………………………………………………（66）
  教学反馈单 ………………………………………………………………（67）
 任务2 宿根花卉生产技术 ………………………………………………………（68）
  任务单 ……………………………………………………………………（68）
  资讯单 ……………………………………………………………………（70）
  信息单 ……………………………………………………………………（71）
  计划单 ……………………………………………………………………（74）
  决策单 ……………………………………………………………………（75）
  材料工具清单 ……………………………………………………………（76）
  实施单 ……………………………………………………………………（77）
  作业单 ……………………………………………………………………（78）
  检查单 ……………………………………………………………………（79）

评价单 …………………………………………………………………………… (80)
　　　教学反馈单 ………………………………………………………………………… (81)
　任务3　球根花卉生产技术 ……………………………………………………………… (82)
　　　任务单 ……………………………………………………………………………… (82)
　　　资讯单 ……………………………………………………………………………… (85)
　　　信息单 ……………………………………………………………………………… (86)
　　　计划单 ……………………………………………………………………………… (89)
　　　决策单 ……………………………………………………………………………… (90)
　　　材料工具清单 ……………………………………………………………………… (91)
　　　实施单 ……………………………………………………………………………… (92)
　　　作业单 ……………………………………………………………………………… (93)
　　　检查单 ……………………………………………………………………………… (94)
　　　评价单 ……………………………………………………………………………… (95)
　　　教学反馈单 ………………………………………………………………………… (96)
项目3　灌木生产技术 …………………………………………………………………………… (97)
　任务1　常绿灌木生产技术 ……………………………………………………………… (97)
　　　任务单 ……………………………………………………………………………… (97)
　　　资讯单 ……………………………………………………………………………… (100)
　　　信息单 ……………………………………………………………………………… (101)
　　　计划单 ……………………………………………………………………………… (119)
　　　决策单 ……………………………………………………………………………… (120)
　　　材料工具清单 ……………………………………………………………………… (121)
　　　实施单 ……………………………………………………………………………… (122)
　　　作业单 ……………………………………………………………………………… (123)
　　　检查单 ……………………………………………………………………………… (124)
　　　评价单 ……………………………………………………………………………… (125)
　　　教学反馈单 ………………………………………………………………………… (126)
　任务2　落叶灌木生产技术 ……………………………………………………………… (127)
　　　任务单 ……………………………………………………………………………… (127)
　　　资讯单 ……………………………………………………………………………… (129)
　　　信息单 ……………………………………………………………………………… (130)
　　　计划单 ……………………………………………………………………………… (133)
　　　决策单 ……………………………………………………………………………… (134)
　　　材料工具清单 ……………………………………………………………………… (135)
　　　实施单 ……………………………………………………………………………… (136)
　　　作业单 ……………………………………………………………………………… (137)
　　　检查单 ……………………………………………………………………………… (138)
　　　评价单 ……………………………………………………………………………… (139)
　　　教学反馈单 ………………………………………………………………………… (140)

项目4 乔木生产技术 (141)

任务1 常绿乔木生产技术 (141)

- 任务单 (141)
- 资讯单 (144)
- 信息单 (145)
- 计划单 (193)
- 决策单 (194)
- 材料工具清单 (195)
- 实施单 (196)
- 作业单 (197)
- 检查单 (198)
- 评价单 (199)
- 教学反馈单 (200)

任务2 落叶乔木生产技术 (201)

- 任务单 (201)
- 资讯单 (204)
- 信息单 (205)
- 计划单 (214)
- 决策单 (215)
- 材料工具清单 (216)
- 实施单 (217)
- 作业单 (218)
- 检查单 (219)
- 评价单 (220)
- 教学反馈单 (221)

参考文献 (223)

项目 1　草坪草生产技术

任务单

学习领域	园林植物生产技术			
学习项目	项目1	草坪草生产技术(暖季型草坪草、冷季型草坪草)	学时	32
布置任务				
学习目标	(1)掌握草坪草生长规律,熟悉其生长特性及需求。 (2)熟悉草坪建植与养护技术。 ①学会根据实际情况,运用各种草坪建植方法进行建坪; ②能够对已建草坪进行日常养护。			
任务描述	1.工作任务:草坪建植与养护 ①			

	2. 完成工作任务需要学习以下主要内容 (1) 熟悉草坪草生长发育规律； (2) 确定草坪草繁殖可以采用哪些方式； (3) 掌握草坪建植的过程及注意事项； (4) 熟悉草坪草养护管理内容。
学时安排	资讯 12，计划 2，决策 2，实施 12，检查 2，评价 2。
提供资料	(1) 李国庆主编的《草坪建植与养护》(化学工业出版社 2011 年出版)； (2) 张清丽、李军、张苏娟主编的《草坪建植与养护》(华中科技大学出版社 2014 年出版)； (3) 鲁朝辉、张少艾主编的《草坪建植与养护(第 3 版)》(重庆大学出版社 2015 年出版)； (4) 周兴元主编的《草坪建植与养护》(中国农业出版社 2014 年出版)； (5) 周鑫、郭晓龙主编的《草坪建植与养护(第 2 版)》(黄河水利出版社 2015 年出版)； (6) 徐凌彦主编的《草坪建植与养护技术》(化学工业出版社 2016 年出版)。
对学生的要求	**1. 知识技能要求** (1) 熟悉草坪草各阶段的生长发育特性； (2) 列出草坪草播种法繁殖操作步骤，学会用播种法建坪； (3) 列出草坪草植生带法繁殖操作步骤，学会用植生带法建坪； (4) 列出草坪草喷播法繁殖操作步骤，学会用喷播法建坪； (5) 列出草坪草铺设法繁殖操作步骤，学会用铺设法建坪； (6) 列出草坪草撒茎法繁殖操作步骤，学会用撒茎法建坪； (7) 学会对草坪进行养护管理，列出养护管理具体内容； (8) 本项目结束时需上交 3 种不同繁殖方法的操作方案，以及相应的养护管理方案；要按时、按要求完成。 **2. 生产安全要求** 严格遵守操作规程，注意自身安全。 **3. 职业行为要求** (1) 着装整齐； (2) 遵守课堂纪律； (3) 具有团队合作精神； (4) 按时清洁、归还工具。

资讯单

学习领域	园林植物生产技术		
学习项目	项目1	草坪草生产技术（暖季型草坪草、冷季型草坪草）	学时 32
资讯方式	学生自主学习、教师引导		
资讯问题	（1）暖季型草坪草、冷季型草坪草各阶段的生长发育特性主要体现在哪些方面？ （2）草坪草播种法繁殖操作步骤及注意事项有哪些？ （3）草坪草植生带法繁殖操作步骤及注意事项有哪些？ （4）草坪草喷播法繁殖操作步骤及注意事项有哪些？ （5）草坪草铺设法繁殖操作步骤及注意事项有哪些？ （6）草坪草撒茎法繁殖操作步骤及注意事项有哪些？ （7）草坪的养护管理有哪些具体内容？		
资讯引导	（1）草坪草的生长规律参阅李国庆主编的《草坪建植与养护》（化学工业出版社2011年出版）； （2）草坪建坪的各种方法参阅鲁朝辉、张少艾主编的《草坪建植与养护（第3版）》（重庆大学出版社2015年出版）； （3）草坪养护管理内容参阅周兴元主编的《草坪建植与养护》（中国农业出版社2014年出版）； （4）各种建坪和养护过程，参见相关网络视频。		

信息单

学习领域	园林植物生产技术		
学习项目	项目1 草坪草生产技术（暖季型草坪草、冷季型草坪草）	学时	32
资讯方式	学生自主学习、教师引导		
信息内容			

一、草坪的基本知识

(一)草坪的概念

草坪是园林中用人工铺植草皮或播种草籽培养形成的绿色地面。

(二)草坪的类型

1. 根据草坪的用途分类

(1)游憩草坪指供人们散步、休息、游戏及户外活动用的草坪，多使用于公园、风景区、居住小区、庭院及休闲广场中。这类草坪在建植时应混入耐践踏品种，要有较强的恢复能力。游憩草坪与人们的接触较为密切，草坪在环保和生态上的功效直接作用于人体。随着绿化面积的不断扩大、人民生活水平的不断提高和适宜品种的开发，游憩草坪的规划和建植面积逐渐增加。

(2)观赏草坪指不允许人们进入活动或踩踏而专供观赏的草坪。这种草坪一般从整体布局的角度考虑，多用于公园、游园、居住小区、街路、广场、建筑、喷泉等周围。这类草坪中草种的选用应注重观赏效果，要求有茎叶细密、植株低矮、色泽浓绿、绿期长等特点。

(3)运动场草坪指专供体育运动用的草坪，如足球场草坪、网球场草坪、高尔夫球场草坪、橄榄球场草坪、垒球场草坪等。这类草坪的草种应以耐践踏的品种为主，要有极强的恢复能力，同时要考虑草坪的弹性、硬度、摩擦性及其他方面的性能，根据不同运动项目的特点有所侧重。这类草坪一般都采取多个品种混播的方法建植。

(4)防护草坪指在坡地及水岸、堤坝、公路、铁路边坡等位置建植的草坪，主要起到固土护坡、防止水土流失的作用。草种的选择主要从其抗性角度考虑，因为这些位置都是立地条件较差又不易管理的位置，所以注重草坪抗旱、抗水湿、抗瘠薄土壤、耐粗放管理等方面的能力，从而发挥其固土护坡的作用。

(5)其他用途草坪包括飞机场、停车场等位置的草坪。

2. 根据草本植物的组合分类

(1)单纯草坪指由一种草坪草种或品种建植的草坪。其特点是具有高度的均一性，从高度、色泽、质地等方面都均匀一致，在特定条件下采用效果较好，如高尔夫球场的发球区等位置。另外，一些公园、广场、庭院、居住小区中的观赏性草坪也常使用单纯草坪，具有较好的观赏效果。

(2)混合草坪指由多种草坪草种或品种建植的草坪。这类草坪从建植到成坪后的效果,能充分发挥各草坪草种或品种的优势和特点,达到成坪快、绿期长、寿命长等效果,并能够满足人们对草坪各种功能上的要求。

(3)缀花草坪是在草坪上布置少量草本花卉。这类草坪上的花卉种植面积不能超过草坪总面积的 1/3,花卉分布疏密有致、自然错落。花卉一般用多年生草本植物,如石蒜、鸢尾、葱莲、水仙、郁金香、萱草等,多用于游憩草坪、观赏草坪。常将花卉布置在草坪上的景石、树丛、树群、树带的边缘或布置在大片草坪上作为远景。

3. 根据与树木的组合分类

(1)空旷草坪指草坪上不栽任何乔灌木。这类草坪一般地形较为平坦、开阔,艺术效果单纯而壮阔,主要供体育活动、游憩使用。在空旷草坪边缘常布置一些高大的树丛、树群、树带或建筑、山体,通过对比来突出草坪空间的开阔,多用于风景区和大型公园当中。

(2)稀树草坪指在草坪上布置一些单株乔木,相互距离较远,而且树木的覆盖面积为草坪总面积的 20%～30%。这类草坪主要作为游憩场所,有时则作为观赏草坪。

(3)疏林草坪指在草坪上布置一些孤植或丛植乔木,树木覆盖面积为草坪总面积的 30%～60%。这类草坪多布置在公园、风景区当中,适宜于在夏季供游人游憩、野餐等。疏林草坪也可作为观赏草坪。草坪草种应具有一定耐阴性。

(4)林下草坪指布置在树木覆盖面积为总面积 70%以上的密林地或树群(林)下的草坪。这类草坪应选择极其耐阴的草种,多布置在风景区或大型公园当中,用以观赏和保持水土,一般不允许游人进入。

4. 根据规划形式分类

(1)自然式草坪指地形自然起伏,草坪上及周围布置的植物是自然式的,周围的景物、水体和草坪轮廓线也为自然式的。多数游憩草坪、缀花草坪和疏林草坪、林下草坪等都采用自然式草坪。

(2)规则式草坪指地形平整的地块或几何形坡地和台地上的草坪,与其相配合的道路、水体、树木等的布置均为规则式的。足球场、网球场、飞机场、公园、游园、广场及街路中的草坪多为规则式草坪。

(三)草坪的作用

1. 环境保护作用

(1)改善小气候。草坪具有较明显的改善局部小气候的作用。

①调节气温。夏季晴天时草坪表面的温度比裸露地面的温度低 3～8 ℃,高温时间可缩短 2～3 h。冬季则能保持太阳的辐射热而使温度提高 4～6.5 ℃。

②调节湿度。草坪草的含水量约为 70%,夏季,草坪草叶片内水分蒸发,从而增加空气湿度,同时降低叶片温度。在无风情况下,草坪近地层空气湿度比裸露地面处的高 5%～18%。

③降低风速。草坪表面风速比裸露地面处的低 10%。

(2)杀菌作用。许多草坪植物由于叶片内含有杀菌素而具有杀菌作用,草坪近地层空气中的细菌含量仅为公共场所的 1/30000。尤其在修剪时,植物受伤后分泌更多杀菌素,杀菌作用更趋强烈。禾本科植物以红狐茅杀菌能力最强。

(3)减弱噪声。草坪与乔灌木组合成 40 m 宽的绿化带,可降低噪声 10～15 dB。

另据原北京市园林科学研究所测定,20 m 宽的草坪可降低噪声 2 dB。杭州植物园有一块面积 250 m², 四周为 2~3 m 高多层桂花树的草坪, 测定结果表明:与同面积的石板路面相比,噪声降低量为 10 dB。

(4)沉降粉尘。茂密低矮的草坪植物叶片面积相当于占地面积的 20~28 倍,大片草坪好像一台庞大的天然"吸尘器",连续不断地接收、吸附、过滤着空气中的尘埃。所以滞尘量大大超过裸露地面,沉降的粉尘可随雨水、露水和人工灌水流至土壤中。据测定,草坪近地层空气含尘量比裸露地面少 30%~40%。原北京市环境保护科学研究所于 1975—1976 年进行的测定试验表明,在 3~4 级风下,裸地空气中的粉尘浓度约为草坪地空气中粉尘浓度的 13 倍。草坪足球场近地面的粉尘含量仅为黄土地面的 1/6~1/3。

(5)净化空气。最为明显的是吸收 CO_2 并释放 O_2。据测定,一个人呼出的 CO_2 只要 25 m² 的草坪就可吸收并转化为 O_2。据计算,尺度为 15 m×15 m 的草坪释放的 O_2 足够 4 口之家的呼吸需要。

(6)改善土壤结构。草坪植物的根系能改善土壤结构,促进微生物的分解活动,促进土壤中有害的有机物无机化。

(7)保持水土。草坪植物能固结土壤,减少地表径流,减弱水土冲刷,保护露天水体免受污染。草坪可形成致密的地表覆盖并在表土中形成絮结的草根层,因而具有良好的防止土壤侵蚀的作用。有人做过试验,在坡度为 30°的斜坡上,施以 200 mm/h 的人工降雨,当草坪覆盖度为 100%、91%、60%、31%时,其相应的土壤侵蚀强度为 0、11%、49%、100%,土壤的侵蚀强度依草坪密度的增加而锐减。据研究,20 cm 厚的表层土壤,被雨水冲刷完全消除所需要的时间,草地为 3.2 万年,而裸地仅为 18 年。草坪能明显降低地表温度,因而可有效地减少土壤因"冻胀"而产生的土壤崩落,再加上草坪草根系固结土壤的作用,有良好的护坡保堤功能。

2. 对人类活动的作用

草坪是人类活动的良好场所。在草坪上适宜进行一些体育运动。另外,无论是进行文娱活动还是安静休息,人们都直接受益于草坪在环境保护方面的作用。在自然绿色的草坪上活动对陶冶人们的情操、增进身心健康都有良好的效果。

3. 在造景上的作用

生机盎然的草坪因其表面平滑、色泽均一、质地良好、开阔平坦等特点,成为园林景观中不可缺少的要素,它与地形、水体、建筑、小品及其他植物相配合,通过对比与调和、变化与统一、均衡与稳定,形成园林中一幅幅美景。

4. 其他方面的作用

草坪是最为经济的护坡护岸及覆地材料,是预留建筑用地中最适合的绿化材料,当地表下面有工程设施或岩层、石砾,而且地表土层厚度在 30 cm 以内时,也应选用草坪来绿化。另外,大面积草坪可以在紧急时刻(如火灾、地震)起到集散人群的作用。

(四)草坪的历史和发展

有文字记载的草坪始于公元前。公元前 500 年,古波斯(今伊朗)人就用草坪配合花木装饰宫廷院落。公元前 354 年,古罗马帝国也有采用庭院草坪的记载。在中世纪的英国文献中也见到了草坪园的记载,到了 12 世纪,英国上层社会已经把草坪上的球类活动作为高贵的象征。19世纪后,随着剪草机的问世,草坪才真正进入快速普及时期。19世纪后期,美国开始了正式的有关草坪草和草坪培育的研究,1885年美国康涅狄格州的奥特尔科特草坪公园最早研究园林草坪,内容是选育优良草坪草种,研究人员从数千个体中选出500个品系,发现和肯定了剪股颖属和羊茅属中最优良的品种。这标志着草坪科学萌芽的诞生。到了20世纪初,美国许多州立大学和试验站,纷纷开始草坪研究工作。一百多年来,国内外草坪应用和研究有了快速的发展,在许多发达国家,草坪已成为了一项大的产业。美国是世界上草坪业最发达的国家之一,进入20世纪90年代,美国的草坪业年产值达250亿美元,为近50万人提供了就业机会。在中国,草坪的应用也是非常早的,据记载公元前200年前后,秦汉时期在皇家园林中就有草灌乔景观植被之说,并且有"布结缕"之描述。到18世纪的清朝,皇家园林承德避暑山庄已有较大面积的"绿毯"草坪。18世纪末,草坪开始较多用于庭院、公园、花园、抛球场等地。中华人民共和国成立后,在新建的公园中大量应用草坪,如杭州花港观鱼、上海长风公园、北京紫竹院公园等都有大面积的草坪。我国草坪业的迅猛发展是在20世纪80年代以后。几十年来,随着改革开放和社会经济的发展,在物质文明和精神文明建设的推动之下,草坪业有了飞速发展。在草坪植物学研究方面,尤其是对结缕草、狗牙根等的系统研究,很有特色。在草坪工程上,草坪被广泛用于风景区、公园、游园、广场、小区、庭院、街路及高尔夫球场、足球场等。就数量的变化上,可见一斑。1985年我国草坪用种量不足10 t,而1999年用种量达5000多吨。不但在建植面积上扩大,而且在草坪质量及管理技术上都有大幅度提高,从1990年北京第十一届亚运会前后一批优质草坪的建植开始,在中国各地掀起了建植草坪的热潮,质量及管理水平上逐渐向世界发达国家靠拢。尤其是在北京、上海、大连、广州、深圳、青岛、南京等经济发展较快的城市和地区,草坪的发展极其迅速,而从事草坪业的企业也应运而生并飞速发展。

二、草坪草概述

(一)草坪草的概念

草坪草是能形成草皮或草坪,并能耐受定期修剪和人、动物通行的草本植物。

草坪与草坪草是两个不同的概念。草坪草只涉及植物群落,是指地面覆盖的草本植物。草坪则代表一个较高水平的生态有机体,它不仅包括草坪草,而且还包括草坪草生长的环境。

(二)草坪草的类别

1. 根据气候与区域划分

(1)冷季型草坪草:主要分布在亚热带和温带,如我国长江流域以北。最适生长温度为15~25 ℃。生长限制因子是干旱、高温以及高温持续的时间。春秋季或冷凉地区生长最为旺盛。

(2)暖季型草坪草:主要分布在热带和亚热带地区,如我国长江流域以南。最适生长温度为26~32 ℃。生长限制因子是低温强度和低温持续的时间,10 ℃以下进入休眠状态,年生长期为240 d左右,夏季或温暖地区生长最为旺盛。

2. 根据植物分类划分

(1) 禾本科草坪草：草本草的主体，分属早熟禾亚科、黍亚科、画眉草亚科。大多耐修剪、耐践踏，能形成致密的覆盖层，如羊茅、早熟禾、狗牙根、结缕草、地毯草等。早熟禾亚科草坪草为冷季型草坪草，绝大多数分布于温带地区，亚热带地区偶有分布。黍亚科草坪草为暖季型草坪草，大多数生长在热带和亚热带。画眉草亚科草坪草为暖季型草坪草，主要分布于热带、亚热带和暖温带，有些种完全适应这些气候带的半干旱地区。

(2) 非禾本科草坪草：禾本科草坪草以外的具有发达匍匐茎、耐践踏、易形成草坪的植物。如豆科的车轴草、旋花科的马蹄金、百合科的沿阶草、莎草科的苔草等。

3. 根据叶片宽度划分

(1) 宽叶草坪草：叶宽茎粗，生长健壮，适应性强，管理粗放。如地毯草、假俭草、沟叶结缕草等。

(2) 细叶草坪草：茎叶纤细，长势较弱，要求光照充足、土质良好，管理较精细。如细叶结缕草、草地早熟禾、野牛草等。

(三) 草坪草的一般特征

草坪草大部分是禾本科草本植物，也有少数豆科或其他科植物。作为草坪草的禾本科植物都有以下共同特征。

(1) 植株低矮、覆盖能力极强；
(2) 地上部分生长点低、并有叶鞘保护；
(3) 繁殖能力强；
(4) 适应性强。

(四) 草坪草的形态特征

植物体由多种组织组成，具有一定的形态特征和特定的生理功能，易于区分的部分叫器官。高等植物具有根、茎、叶、花、果实和种子六大器官，其中根、茎、叶为营养器官；花、果实和种子为生殖器官。

1. 根

禾本科草坪草的根系属须根系，无主根，根分为初生根和次生根两种。初生根（胚根）：在种子萌发时由胚部直接长出，突破种皮及胚根鞘向下生长，伸入土中吸收养料。次生根：在植株近地表的茎节上生出（不定根），其数量多而密集，是构成禾本科植物根系的主体。一般初生根在播种当年死亡，植株以后的生长全靠次生根吸收养料。

2. 茎

禾本科草坪草通常有3种基本类型的茎：茎基、直立茎（生殖茎）、侧茎（横走茎）。茎基（禾草的根与茎相连接的部分）是缩短了的茎，其节间十分短，节与节几乎重叠，由节上的腋芽生出的分枝称为分蘖，此茎基节称为分蘖节。分蘖节有叶鞘包围。若分蘖不穿透叶鞘，紧贴主茎生长，叫鞘内分枝。若分蘖穿透茎基叶鞘，叫鞘外分枝。直立茎和侧茎都来源于茎基分蘖节上的腋芽的伸长。直立茎（沿与地面垂直方向生长）呈狭长的筒状或管状，有明显的节和节间，节间常中空，节是叶片和腋芽的着生点，由秆节和鞘节两个环组成。侧茎（沿与地面水平方向生长）有两类，一是匍匐生于土壤表面的匍匐茎；二是爬生于土壤表面之下的根状茎。

3. 叶

一般禾本科草类的叶子由叶片、叶鞘、叶舌、叶环和一对叶耳组成。叶子的下半部分叫叶鞘，新叶在较老叶片的叶鞘内呈卷曲形或折叠形。叶鞘起着保护幼芽及节间生长和增强茎的支持等作用。叶子的上半部分叫叶片，形状基本有四种。

(1) 基部最阔，越到前端越窄的类型（卷曲形）；

(2) 中部最阔，前端和基部窄的类型（卷曲形）；

(3) 基部与前端几乎一样宽的类型（折叠形）；

(4) 前端急尖的类型（折叠形）。

在叶的腹面，叶片和叶鞘连接处有一膜质或毛质向上突起的结构，称为叶舌。叶的外侧，与叶舌相对的位置上，生长着浅绿或白色的带状结构，称为叶环（叶枕）。叶舌的两侧各有一个爪状的突出物，即叶耳。叶舌、叶环、叶耳是区分不同草坪草种的重要特征。叶片的宽窄直接影响草坪的质量、景观、审美感觉及观赏效果，一般叶片越窄越细，其观赏价值就越高。禾本科草类的叶的宽窄分级：窄形的为 1～2 mm，如紫羊茅、羊茅、细叶结缕草等；中形的为 2～3 mm，如野牛草、草地早熟禾、匍匐剪股颖等；宽形的为 3～4 mm，如结缕草、假俭草、高羊茅等。草坪的质量及观赏价值也与叶片的色泽有关。其色泽有浅绿、黄绿、蓝绿、灰绿、深绿、浓绿等，以观赏价值而论，一般以深绿和浓绿的观赏效果最好。叶片中央纵向分布的维管束叫叶脉。叶脉除作养分和水分的通道外，还对细长的叶片起骨骼的作用，能防止叶折断。

4. 花序

草坪草花序的基本组成单位是小穗，由小穗再组成各式各样的花序。最常见的为总状花序、穗状花序和圆锥花序。

5. 果实

草坪草的果实含一粒种子，果皮和种皮紧密结合在一起，不易分开，植物学上将这种果实称为颖果。颖果可直接播种，所以这种果实也称种子。

(五) 草坪草的生长发育

植物的生长发育是植物体内各种生理与代谢活动的综合表现，它包括组织、器官的分化和形态的形成，营养生长向生殖生长的过渡，以及个体最终走向成熟、衰老与死亡。营养生长是指植物从种子萌发到幼苗形成及根、茎、叶等营养器官生长的过程。种子一般经过一段时间的休眠后，在适宜的条件下才能开始萌发。从生理学观点来说，胚根伸出种子即可以说种子已经萌发，从草坪建植的角度来说，种子萌发包括种子播入土壤到幼苗出土的全过程，需经历三个阶段，即吸胀、萌动、发芽。

种子萌发过程对环境条件的要求比较严格，主要有：充足的水分，禾本科草坪草要吸足种子自身重量 30%～50% 的水分才能萌发；适宜的温度，一般为 20～25 ℃；足够的氧气。从种子萌发到幼苗形成后，植物便进入旺盛的营养生长阶段，禾本科草类最先生长的是叶（不是叶腋内的枝条、根茎、匍匐枝，如春小麦出苗后 30～40 d 就拔节）。营养生长阶段的植株体主要由叶构成，可以提供一个以叶为主体的草坪面。此阶段植物生长量大，应注意肥水供应。当营养生长进行到一定阶段，植物获得适宜的环境条件后就进入生殖生长阶段，花芽分化、开花、结果，最后形成种子。

草坪草对环境的要求如下。

1. 草坪草对光的要求

草坪草中大部分草的光补偿点为全日照的2%～5%,光饱和点约为全日照的1/3。

2. 草坪草对温度的要求

温度对草坪草生长的影响表现为三基点(最低、最适、最高温度)现象。一般情况下,草坪草在零上几度时,就可以生长,但生长的最适温度为20～35℃,耐受的温度上下限很大。一般原产高纬度地区的植物的温度三基点较低,原产低纬度地区的植物的温度三基点都较高,同一植物的不同器官对温度的要求也不一样,根系生长的最适温度(冷季型10～18.3℃,暖季型24～29℃)比地上部分茎、叶的最适温度(冷季型15～25℃,暖季型26～32℃)低。

3. 草坪草对水分的要求

按植物对水的要求,可将植物分为水生植物、湿生植物、中生植物、旱生植物和超旱生植物五类。多数草坪草属中生植物,其耐旱能力低于旱生植物和超旱生植物。

4. 草坪草对土壤的要求

大多数草坪草要求中性或微酸性(pH值为6～7)土壤。

(六)草坪草的生态区划

(1)青藏高原带(Ⅰ):包括西藏全部、新疆南部、青海大部分、甘肃南部、云南西北部、四川西北部。该区自然环境复杂,气候寒冷,生长期短,雨量较少,日照充足。适于种植的草坪草种主要是耐寒抗旱的冷季型草坪草,如草地早熟禾、高羊茅、紫羊茅、匍匐剪股颖、多年生黑麦草、白花车轴草等。

(2)寒冷半干旱带(Ⅱ):包括大兴安岭东西两侧的山麓、科尔沁草原大部、太行山以西至黄土高原,面积广阔,涉及我国青海、甘肃、宁夏、辽宁、陕西、山西、河南、河北、内蒙古、吉林、黑龙江11个省(自治区)的部分县(区)。该区是温带季风半湿润半干旱气候的过渡区。本区特点是所有草坪必须保证有水灌溉,不灌水则难以建植;土壤多呈碱性,pH值为7～8,而且地下水矿化度高;光照充足,昼夜温差大,空气湿度小,冬季十分干燥。在这一地区可以种植的草坪草有草地早熟禾、粗茎早熟禾、加拿大早熟禾、紫羊茅、高羊茅、多年生黑麦草、匍匐剪股颖、野牛草、白花车轴草和小冠花等。表现最好的是草地早熟禾和紫羊茅。

(3)寒冷潮湿带(Ⅲ):包括东北松辽平原、辽东山地和辽东半岛。涉及的省(自治区)有黑龙江、吉林、辽宁大部(黑龙江、吉林西部半干旱区和辽宁的朝阳地区及辽东半岛南端除外),内蒙古通辽市东部。本区生长季节雨热同季,对冷季型草坪草的生长十分有利。适于种植的草坪草有草地早熟禾、粗茎早熟禾、加拿大早熟禾、高羊茅、紫羊茅、匍匐剪股颖、多年生黑麦草、草坪型白花车轴草等。表现最好的是草地早熟禾、紫羊茅、匍匐剪股颖和草坪型白花车轴草。

(4)寒冷干旱带(Ⅳ):本区涉及我国西北部的荒漠、半荒漠及部分温带草原地区,包括新疆大部分地区,青海少部分地区,甘肃的夏河县、碌曲县和玛曲县及以南地区,陕西榆林大部分地区,内蒙古自治区绝大部分,黑龙江嫩江县和黑河市一线以北的地区。本区干旱少雨,土壤瘠薄,在水分条件有保证的情况下,这一带的草坪建植和管理措施以及适宜种植的草坪草基本上与寒冷半干旱带的一致。

(5)北过渡带(Ⅴ)：包括华北平原、黄淮平原、山东半岛、关中平原及秦岭、汉中盆地。具体包括甘肃部分地区，陕西中部，山西部分地区，河南、河北大部分地区，山东、安徽部分地区，湖北丹江口市、老河口市和枣阳市的北部。该区夏季高温潮湿，冬季寒冷干燥。该区冷季型草坪草和暖季型草坪草均能种植，前者越夏困难，后者枯黄早、绿期短。因此，必须有高水平管理才能建植良好的草坪。适合的草坪草种有草地早熟禾、粗茎早熟禾、加拿大早熟禾、高羊茅、多年生黑麦草、匍匐剪股颖、绒毛剪股颖、细弱剪股颖、小冠花、苔草、羊胡子草、野牛草、日本结缕草、中华结缕草、细叶结缕草等。到目前为止，在这一地区还没有找到一种最适合种植的草坪草种。

(6)云贵高原带(Ⅵ)：除四川盆地外的广大西南高原(海拔 1000～2000 m)，包括云南和贵州大部分地区、广西北部少数地区、湖南西部、湖北西北部、陕西南部、甘肃南部、四川及重庆部分地区。本区冬暖夏凉，气候温和，雨热同期，草坪草全年生长绿期达 300 d 以上。适宜本区种植的草坪草有冷季型草坪草中的草地早熟禾、粗茎早熟禾、加拿大早熟禾、高羊茅、紫羊茅、细羊茅、多年生黑麦草、一年生黑麦草、匍匐剪股颖、绒毛剪股颖、细弱剪股颖、白花车轴草、苔草；暖季型草坪草中的野牛草、中华结缕草、日本结缕草、沟叶结缕草、假俭草、马蹄金、狗牙根等。

(7)南过渡带(Ⅶ)：包括长江中下游地区和四川盆地，具体包括四川及重庆市大部分地区、贵州的少数地区、湖北大部分地区、河南南部、安徽、江苏的中部。本区长江中下游地区的气候特点是夏季高温，秋季有伏旱，冬季有寒流侵袭。四川盆地冬季气候比较温和，夏秋雨量充足，适于本区的草坪草种类较多，但也和北过渡带一样，没有一种草坪草是最适合本区种植的。目前常用的有草地早熟禾、粗茎早熟禾、一年生早熟禾、中华结缕草、高羊茅、多年生黑麦草、匍匐剪股颖、白花车轴草、日本结缕草、细叶结缕草、沟叶结缕草、狗牙根、马蹄金等。

(8)温暖潮湿带(Ⅷ)：包括长江以南至南岭的广大地区，大致相当于北亚热带的范围，具体包括湖北少部分地区、湖南大部分地区、广西极少部分地区、江西绝大部分地区、福建北部、浙江、上海、安徽南部及江苏少部分地区。该区一年四季雨水充足，气候温和，四季分明，这一地区经济发达，人们的生活水平相对较高，草坪业发展迅速，基本上形成了规模化的产业。这一地区草坪草种的选择、草坪的建植和管理措施与南过渡带基本相似，只是暖季型草坪草更为合适。

(9)热带亚热带(Ⅸ)：包括海南、台湾及广东、广西、云南部分地区。本区雨水充足，空气湿度大，四季不很分明，水热资源十分丰富，气候条件非常适合草坪草的生长发育。适合本区种植的草坪草大多是暖季型的，如狗牙根、结缕草、假俭草、地毯草、钝叶草、两耳草和马蹄金等。

三、暖季型草坪草

暖季型草坪草在我国主要分布于长江以南的广大地区，在黄河流域冬季不出现极端低温的地区也种植有暖季型草坪草中的个别品种，如狗牙根、结缕草等。暖季型草坪草生长的最适温度范围是 26～32 ℃，普遍不耐低温，在 10 ℃ 以下停止生长。一年中仅有夏季一个生长高峰期，春秋季生长较慢，冬季休眠。抗旱、抗病能力强，管理相对粗放。绿期短，品质参差不齐。

(一)结缕草属

常见的结缕草有日本结缕草、沟叶结缕单、细叶结缕草、高丽结缕草、中华结缕草等。其中日本结缕草分布最广泛,在日本、朝鲜和我国的东北、山东一带均有分布。沟叶结缕草和细叶结缕草由于耐寒性较差,仅分布于南部温暖地区。高丽结缕草与日本结缕草特征相近,但其生长速度更快,叶质更细,枯黄期晚。中华结缕草分布于沿海地区,耐盐碱能力极强,适于在沿海地区发展。长穗结缕草与中华结缕草特征相近,但生长较慢。

1. 结缕草

结缕草又名日本结缕草、老虎皮(上海、苏州)、锥子草(辽东)、崂山草(青岛)、延地青(宁波),禾本科,结缕草属,多年生草本植物。

(1)形态特征:植株直立,茎叶密集,属深根性植物,须根一般可深入土层 30 cm 以上。具有坚韧的地下根状茎及地上匍匐枝,于茎节上产生不定根。茎高 12~15 cm,幼叶呈卷包形,成熟的叶片革质,上面常具柔毛,长 3 cm,宽 2~3 mm,具一定的韧度,呈狭披针形,先端锐尖,叶片光滑。

(2)生态习性:结缕草适应性强,喜光,抗旱,耐高温,耐贫瘠,在暖季型草坪草中属于抗寒能力较强的品种。喜深厚肥沃、排水良好的沙质土壤。在微碱性土壤中亦能正常生长。

(3)应用范围:结缕草贴地而生,植株低矮,且又坚韧耐磨、耐践踏,具有良好的弹性,因而在园林、庭院、体育运动场地中被广泛采用,是较理想的运动场草坪草及较好的固土护坡植物。

2. 细叶结缕草

细叶结缕草又名天鹅绒草(华东)、朝鲜芒草、台湾草。主要分布于日本及朝鲜南部地区,早年引入我国,目前已在黄河流域以南等地区广泛种植,是我国栽培较广的细叶型草坪草种。

(1)形态特征:多年生草本植物。通常呈丛状密集生长,高 10~15 cm,茎秆直立纤细。具地下茎和匍匐枝,节间短,节上产生不定根,须多浅生。叶狭长,疏生柔毛,叶质地柔软,翠绿。叶片丝状内卷。

(2)生态习性:喜光,不耐阴,耐湿,耐寒力较结缕草差。与杂草竞争力极强,夏秋季节生长茂盛,油绿色,能形成单纯草坪,且在华南地区夏季、冬季不枯黄。在华东地区于 4 月初返青,12 月初霜后枯黄。在西安、洛阳等地,绿期可达 185 d。

(3)应用范围:该草色泽嫩绿,草丛密集,杂草少,外观平整美观,具有良好的弹性,易形成草皮,常种植于花坛内作封闭式花坛草坪或用作塑造草坪造型供人观赏。又因其耐践踏,故也用于医院、学校、宾馆、工厂等专用绿地,作开放型草坪;也可植于堤坡、水池边、假山石缝等处,用于护坡、绿化和保持水土。

3. 沟叶结缕草

沟叶结缕草也称马尼拉草、半细叶结缕草。分布于亚洲和大洋洲热带地区,产于我国台湾、广东、海南等省,长于海滩沙地。

(1)形态特征:多年生禾草,具粗壮坚韧的匍匐茎。叶质硬,叶片长 3~4 cm,宽 1~2 mm,扁平或内卷。总状花序为细柱形,小穗为卵状或批针形,呈黄褐色或紫色。

(2)生态习性:喜光,不耐阴。耐热,不耐寒。土壤潮湿和空气湿润对其生长十分有利。

(3)应用范围:色泽翠绿、草姿优美、抗性强、适用范围广,是建植高质量草坪的优良草种,广泛应用于高尔夫球场、足球场、门球场等运动场,还可用于建植观赏草坪、森林游憩草坪以及水土保持草坪。

(二)狗牙根属

狗牙根又名绊根草(上海)。广泛分布于温带地区,我国黄河流域以南各地均有野生种,新疆的伊犁、和田亦有野生种。狗牙根为多年生草本植物,具根状茎和匍匐枝,节间长短不一。茎秆平卧部分可长达 1 m,并于节上产生不定根和分枝,故又名爬根草。

(1)形态特征:幼叶呈折叠形,成熟的叶片呈扁平的线条形,长 3.8~8 cm,宽 1~2 mm,先端渐尖,边缘有细齿,叶色浓绿。叶舌边缘有毛,长 2~5 mm。无叶耳,叶托窄,边缘有毛。

(2)生态习性:喜光,一般不耐阴。极耐热,不抗寒,喜生于排水良好的湿润土壤。

(3)应用范围:狗牙根是我国应用比较广泛的优良草坪草品种之一。我国的华北、西北、西南及长江中下游等地都有广泛的应用。它可以单独种植,也可以与其他暖季型及冷季型草坪草品种混合,用于运动场草坪的建植。

(三)野牛草属

野牛草,禾本科,画眉草亚科,野牛草属。原产于北美洲,早年引入我国栽培,现已成为华北、东北、内蒙古等北方地区的主要草坪草种之一。

(1)形态特征:多年生草本植物。具匍匐茎,茎秆高 5~25 cm,较细弱。幼叶呈卷筒形,成熟的叶片呈线形,两面疏生细小柔毛,叶色灰绿,色泽美丽。叶舌边缘有毛,长 0.5~1 mm。无叶耳,叶托宽,生有长绒毛。

(2)生态习性:该草适应性强,喜光但可耐半阴,对土壤的适应性很强,在碱性土壤上能生长良好,有较强的耐寒能力。

(3)应用范围:该草因具有枝叶柔软、较耐践踏、繁殖容易、生长快、养护管理简便、抗旱、耐寒等优点,目前已被我国北方地区广泛应用于公园、庭院及公共绿地。

(四)雀稗属

百喜草又名巴哈雀稗,适宜在热带和亚热带年降水量高于 750 mm 的地区生长。

(1)形态特征:多年生禾草。叶片卷曲,叶舌膜状,长 1 mm 左右,形扁平,无叶耳,根茎宽,叶片扁平到折叠,宽 4~8 mm。具 2~3 个单侧穗状分枝的总状花序。

(2)生态习性:喜温暖气候,25 ℃ 左右最适生长,较耐寒,−10 ℃ 可以越冬。叶片粗糙坚韧。最适宜的 pH 值为 5.5~6.5 的沙质土壤上生长。

(3)应用范围:养护管理粗放,几乎不需要管理,且抗病虫能力强。故较为广泛地应用在路旁、护坡等粗放管理的地方。

(五)马蹄金属

马蹄金属属于旋花科,我国只产马蹄金一种。

马蹄金俗称马蹄草、黄胆草、小金钱草和九连环等。生于海拔 180~1850 m 地区的田边、路边和山坡阴湿处,我国长江以南各省均有分布。

(1)形态特征:多年生匍匐小草本,单叶互生,叶片似马蹄状,呈圆形或肾状圆形,长4~11 mm,宽4~25 mm,顶端宽圆形,微具缺刻,基部宽心形,全缘。叶柄细长,长1~5 cm,被白毛。

(2)生态习性:喜光植物。对土壤适应性强,能耐轻度践踏,轻度践踏后,叶细而密,更具观赏效果。

(3)应用范围:在我国南方作为优良的观赏草坪植物。

(六)沿阶草属

沿阶草属中的麦冬分为大叶麦冬和小叶麦冬,又名沿阶草、书带草、麦门冬,根须粗壮。

(1)形态特征:麦冬为多年生草本植物。须根较粗壮,先端或中部常膨大成纺锤状肉质小块根。叶丛生,狭线形,先端尖,基部绿白色并稍扩大。花茎从叶丛中抽出,比叶短;总状花序,每苞片内着生1~3朵花,花被6,淡紫色,偶有白色,小型;雄蕊6,雌蕊1,子房半下位,3室。浆果球形,成熟时蓝黑色;种子1粒,球形,蓝绿色或黄褐色。花期7—8月,果期8—10月。

(2)生态习性:较耐寒,在-10 ℃气温下不致冻死,在南方能露地越冬。适于在疏松肥沃、排水良好、土层深厚的砂质壤土上生长。含沙或过黏以及低洼积水的地方均不宜种植。

(3)应用范围:四季常绿,在全光或遮阴条件下均能良好生长,耐灰尘,不耐践踏。管理粗放,取材方便,是优良的观赏草坪或疏林草坪草种。

(七)酢浆草属

酢浆草属中的酢浆草为多年生草本植物。

(1)形态特征:全株被柔毛。根茎稍肥厚。茎细弱,多分枝,直立或匍匐,匍匐茎节上生根。叶基生或茎上互生;托叶小,长圆形或卵形,边缘被密长柔毛,基部与叶柄合生,或同一植株下部托叶明显而上部托叶不明显;叶柄长1~13 cm,基部具关节;小叶3,无柄,倒心形,长4~16 mm,宽4~22 mm,先端凹入,基部宽楔形,两面被柔毛或表面无毛,沿脉被毛较密,边缘具贴伏缘毛。花单生或数朵集为伞形花序状,腋生,总花梗淡红色,与叶近等长。

(2)生态习性:喜温暖湿润气候,稍耐寒,在长江三角洲地区可室外越冬。不耐旱。不择土质,但以含有机质、排水好的土壤为佳。

(3)应用范围:是良好的观花地被植物,尤其适合生长于庭院的疏林之下。

(八)蟛蜞菊属

蟛蜞菊属中的蟛蜞菊又名穿地龙,菊科,多年生草本,是华南地区常见的草坪植物。

(1)形态特征:多年生草本植物,矮小,匍匐状,被短而压紧的毛。叶对生;矩圆状披针形,长2.5~7 cm,先端短尖或钝,基部狭而近无柄,边近全缘或有锯齿,主脉3条。头状花序,具长柄,腋生或顶生。

(2)生态习性:喜光,喜温暖湿润气候,适应性强。耐干旱、耐瘠薄、耐盐碱。

(3)应用范围:在温暖地区生长迅速,数月可覆盖地面,是城市园林及荒坡等地良好的地被植物,但在园林应用中,要适当进行人工控制,以免生长过旺,绞杀其他植物。

四、冷季型草坪草

冷季型草坪草也称冷地型草坪草,适宜在我国黄河以北地区种植,耐寒性强,绿期长,一年中有两个生长高峰期(春、秋),夏季生长缓慢,并出现短暂休眠。

适宜生长温度为15～25 ℃,生长迅速,品质好,用途广,可用种子繁殖,也可用营养繁殖。抗热性差,抗病虫害能力差,要求管理精细,使用年限较短。冷季型草坪草耐高温能力差,在南方越夏困难,必须采取特别的养护措施。常使用的冷季型草坪草种类有早熟禾属、羊茅属、剪股颖属、黑麦草属等。

(一)早熟禾属

早熟禾属草坪草是当前使用最广泛的冷季型草坪草之一,有200多个种,广泛分布于寒冷潮湿带和过渡气候带内。常用作草坪草的有草地早熟禾、粗茎早熟禾、加拿大早熟禾、球茎早熟禾和林地早熟禾等。早熟禾的共同特征:船形叶尖,叶片中脉两侧各有一条明线。

1. 草地早熟禾

草地早熟禾原产于欧洲、亚洲北部及非洲北部,后引到北美洲,现遍及全球温带地区。在我国华北、西北、东北地区及长江中下游地区广泛应用。草地早熟禾又名肯塔基草地早熟禾、蓝草、肯塔基蓝草等,是非常重要的草坪草种。

(1)形态特征:多年生,具细根状茎。秆丛生,光滑,叶舌膜状,无叶耳。叶片V形偏扁平,宽2～4 mm,柔软,多光滑,两侧平行,顶部呈船形,中脉两侧各脉透明,边缘较粗糙,幼叶叶片为折叠状。茎秆压缩,相对柔软,有多枝的根茎。与一年生早熟禾的区别是具有根茎,膜状叶舌短。

(2)生态习性:草地早熟禾是一种多年生的草坪草,广泛应用于广大寒冷潮湿带和过渡带,在具有灌溉条件时,它也可在寒冷半干旱区和干旱区生长。

(3)应用范围:草地早熟禾可用作绿地、公园、基地、公共场所、高尔夫球道和发球台、高草区、路边、机场、运动场以及其他用途的相对一般地带的草坪。

草地早熟禾的强大根系以及较强的再生能力使它特别适合用于运动场。草地早熟禾也可与其他冷季型草坪草混播,如高羊茅和多年生黑麦草等;也常与紫羊茅混合使用,其建坪速度要比紫羊茅慢。

2. 粗茎早熟禾

粗茎早熟禾又名普通早熟禾,原产于北欧,为北半球广布种,我国大多数地区和亚洲其他国家、欧洲、美洲的一些国家均有分布。适宜的土壤和气候与草地早熟禾相似,而该种茎秆基部的叶鞘较粗糙,故称之为粗茎早熟禾。

(1)形态特征:具有发达的匍匐茎,地上茎茎秆光滑,丛生叶鞘疏松包茎,具纵条纹,幼叶折叠,成熟的叶片呈V形或扁平状,具光泽,淡黄绿色,在中脉两侧具透明脉,叶舌膜状,截形,无叶耳。

(2)生态习性:耐寒性、耐阴性优良,能生长在排水不良的土壤中。其他的耐阴冷季型草种如细羊茅在潮湿的土壤上生长不良,而粗茎早熟禾可用于阴暗潮湿的地方。

喜肥沃土壤,最适pH值为6.0~7.0,不耐酸碱,在酸性贫瘠的土壤上形成的草皮质量很差。

(3)应用范围:质地细软,颜色光亮鲜绿,绿期长,广泛用于公园、医院、学校等公共绿地观赏草坪和高尔夫球场、运动场等,可在温暖地区用于秋季交播。

(二)黑麦草属

黑麦草属草坪草是当前草坪生产中广泛使用的冷季型草坪草,栽培品种较多,主要有多年生黑麦草、一年生黑麦草。

1. 多年生黑麦草

多年生黑麦草又名宿根黑麦草或黑麦草。原生长于亚洲和北非的温带地区,是欧洲、澳大利亚、北美地区的优良牧草种,现在世界各地的温带地区均有分布。它是最早的草坪栽培种之一。

(1)形态特征:植株具细短根茎,秆疏丛生,基部节常弯曲。叶鞘疏松,无毛;叶舌短、钝,叶耳小;叶脉明显,幼叶折叠于芽中。

(2)生态习性:喜温暖湿润较凉爽的环境,抗寒、抗霜,不耐热,耐湿而不耐干旱和瘠薄。春季生长快,夏季呈休眠状态,秋季生长良好。在气温27 ℃、土温20 ℃左右生长最适,气温15 ℃时分蘖最多。气温低于-15 ℃时会产生冻害,在北京地区越冬率只有50%左右。

(3)应用范围:应发展垂直生长缓慢的多年生黑麦草的栽培种。改进的黑麦草栽培种能与草地早熟禾很好地混播,尤其适用于寒冷潮湿带稍温暖一些的地方的运动场草坪。

2. 一年生黑麦草

一年生黑麦草生长在欧洲南部的地中海地区,以及北非和亚洲的部分地区,也称多花黑麦草或意大利黑麦草。由于生命期短,所以用作草坪的途径较窄。

(1)形态特征:与多年生黑麦草相似,植株疏丛型,分蘖少,茎粗壮。叶片长,色泽较黯淡,叶背光滑,深绿色。叶耳大,叶舌膜状,叶鞘开裂。

(2)生态习性:一年生黑麦草常为一年生的,但在适宜的条件下,它可以为二年生或短命的多年生植物,适应性与多年生黑麦草相似。一年生黑麦草是所有冷季型草坪草中最不耐低温的。抗潮湿能力和抗热性比多年生黑麦草还差。它最适于在肥沃、pH值为6~7的湿润土壤上生长。在低肥料条件下,它也能形成适当的草坪,较耐土壤湿润,但不耐淹。

(3)应用范围:一年生黑麦草主要用于一般用途的草坪,能快速生长成临时植被。

(三)羊茅属

本属约有100个种,分布于全球的寒温带和热带高山地区。我国有14种,常用作草坪草的有以下几种:高羊茅、紫羊茅、硬羊茅、草地羊茅、细羊茅。

1. 高羊茅

高羊茅在植物学上一般称为苇状羊茅,是生长在欧洲的一种冷季型草坪草,其性状非常优秀,适于许多土壤和气候条件,是应用非常广泛的草坪草。

(1)形态特征:多年生丛生型,植株较高,叶片宽而粗糙,扁平,坚硬,基部光滑,中脉明显,顶端渐尖,边缘粗糙透明;常在边缘有短毛,黄绿色。幼叶卷曲;叶鞘圆形,光滑或粗糙,边缘透明,基部红色;叶舌膜状,叶耳小而狭窄。

(2)生态习性:高羊茅适应的土壤范围很广,但最适宜生长在肥沃、潮湿、富含有机质的细壤上,对肥料反应明显。与大多数冷季型草坪草相比,高羊茅更耐盐碱,尤其是有浇灌的条件时;高羊茅耐土壤潮湿,也可忍受较长时间的水淹,故常用于建植排水道旁的草坪。

(3)应用范围:高羊茅适于生长在寒冷潮湿和温暖潮湿的过渡地带,耐践踏,适宜的范围很广。粗糙是它的一个不利因素。叶片宽而粗糙,形成的草坪植株密度小,很难形成致密的草坪。它一般用于运动场、绿地、路旁、小道、机场以及其他低质量的草坪。

2. 紫羊茅

紫羊茅是羊茅属中用于草坪的最广泛的种之一,有时也称作匍匐紫羊茅。国外开发出了许多适于寒冷潮湿地区用作草坪草的紫羊茅的栽培种。紫羊茅在欧洲生长了很长时间之后,才被用作草坪草。在我国,紫羊茅一般作为牧草。

(1)形态特征:寿命长,耐践踏和低修剪,春季返青早,秋季枯黄晚。色泽好,绿期长,以种子繁殖为主,再生性较强,建坪速度较快。

(2)生态习性:广泛生长于寒冷潮湿地区,抗旱能力强,抗热性差。对土壤要求不严,喜肥沃沙质土壤。

(3)应用范围:广泛用于绿地、公园、基地、广场、高尔夫球道、高草区、路旁、机场和其他一般用途的草坪(花坛、庭院、林下等)。在欧洲,它与剪股颖混播用于高尔夫果岭和保龄球场。

(四)剪股颖属

剪股颖属包括剪股颖和小糠草,约有200个种,在这个属中,除了小糠草外,其他多采用剪股颖这个名字。

剪股颖是所有冷季型草坪草中最能忍受连续修剪的,其修剪高度可达0.5 cm,甚至更低。当强修剪时,剪股颖可以形成细质、稠密、均一的高质量草坪。常用种为匍匐剪股颖和细弱剪股颖。特点为叶片正面有隆起,芽中幼叶呈卷曲状。

1. 匍匐剪股颖

匍匐剪股颖又名本特草、匍茎剪股颖,分布于欧亚大陆的温带和北美。我国东北、华北、江西等地也有分布。

(1)形态特征:茎基部平卧地面,有匍匐枝,上有3~6节,节上生不定根。其余部分直立。叶扁平,线形,先端渐尖。两面均有小刺毛,叶鞘粗糙无毛,叶舌膜质,长圆形。

(2)生态习性:能适应寒冷、潮湿和过渡性气候,大多数多年生品种具有很强的抗低温性,春季返青比草地早熟禾慢,最适宜生长于潮湿、肥沃、pH值为5.5~6.5的土壤中。

(3)应用范围:耐盐碱性强,耐频繁修剪,在低修剪的情况下,可以形成优质的草坪,用于高尔夫球场的果岭和发球区、网球场等。

2. 细弱剪股颖

(1) 形态特征：多年生禾草，具短的根状茎。直立部分 20~50 cm，叶鞘平滑无毛，稍带紫色。叶片扁平线形，质厚，先端渐尖，具小刺毛，长 5.5~8.5 cm，宽 2~3 cm。叶舌膜质，先端平。

(2) 生态习性：喜冷凉湿润气候，耐寒，不耐热。耐阴性好，耐旱性较差。耐低修剪、耐瘠薄，在排水良好、肥力中等的微酸性沙质土壤中生长良好。建坪速度快，再生能力较差。

(3) 应用范围：细弱剪股颖生长快，可用作应急绿色材料。此外，也用于建植高尔夫球场球道、发球台等区域的高质量草坪。

(五) 车轴草

车轴草又名三叶草，多年生草本植物。车轴草主要有两种类型，即白花车轴草和红花车轴草。

其中，白花车轴草因植株低矮、适应性强，可作为城市绿化建植草坪的优良植物。

(1) 形态特征：植株低矮，高 30~40 cm。直根性，根部有与根瘤菌共生的特性，根部分蘖能力及再生能力均强。分枝多，匍匐枝匍地生长，节间着地即生根，并萌生新芽。复叶，具三小叶，小叶呈倒卵状或倒心形，基部楔形，先端钝或微凹，边缘具细锯齿，叶面中心具 V 形的白晕；托叶呈椭圆形，抱茎。于夏秋开花，头形总状花序，球形，总花梗长，花白色，偶有淡红色。边开花，边结籽，种子成熟期不一，种子细小。

(2) 生态习性：耐寒性强，气温降至 0 ℃时，部分老叶枯黄，主根上小叶紧贴地面，停止生长，但仍保持绿色。因此，绿期很长。对土壤要求不严，可适应各种土壤类型，主要在偏酸性土壤上生长。

(3) 应用范围：生存能力强，植株矮而匍匐，耐刈割，又具自播能力，所以覆盖效果好。叶丛低矮，开花多，绿期长，常用于缀花草坪，可与早熟禾、紫羊茅等混播。也可单播用作开花地被，常用于斜坡绿化，具有保持水土的作用。

(六) 铺地百里香

铺地百里香为唇形科多年生芳香植物。

(1) 形态特征：叶片细小，椭圆形，略带肉质，具短绒毛，叶片边缘略翻卷。花小，粉色或白色，轮伞花序顶生，植株具有芳香的味道。

(2) 生态习性：适宜生长温度为 20~25 ℃，不耐潮湿，较耐瘠薄。

(3) 应用范围：主要用作公园、庭院及小型绿地的观赏芳香草坪。

五、草坪建植技术

草坪建植是利用人工的方法建立草坪地被的综合技术的总称。如果场地、材料选择不当，会给建坪带来不良后果。一般，建坪的程序包括建坪场地的调查、草种的选择与准备、场地的准备、选用不同的建坪方法建植草坪和新草坪的养护五个步骤。

(一) 建坪场地的调查

1. 调查程序

调查、分析、诊断→建坪技术的基本构思→建坪的基本规划→建坪的基本设计→

建坪的实施计划→施工方案→施工。

2. 调查内容

(1)场地的实地调查:地形地貌、土壤、水源、交通、植被。

(2)调查访问:气象、周边环境、社会环境、环境保护。

3. 调查结果

根据上述调查,应得出以下 5 个书面报告:建坪场地环境条件现状报告、建坪工程计划可行性报告、经费预算报告、草坪建植实施方案、新草坪养护管理方案。

(二)草种的选择与准备

正确选择草种,对于草坪建植和养护,尤其是获得优质且长久的草坪非常重要。那么,应如何选择草种呢?

1. 草种的选择依据

(1)建坪地区的气候和土壤条件。这是选择草种首先需要考虑的,所选草种必须适应建坪地区的气候。可参考百绿集团在中国推广的草种。

(2)草坪的用途。功能要求不同的草坪对草坪草种的要求也不同,一定要根据其功能选择不同特点的草坪草种。如观赏草坪,可用观赏效果好的细叶结缕草、沟叶结缕草、马蹄金等。

(3)后期养护实力。异地引进草种往往需要精细管理,费用较高。而对建坪地区环境适应能力和抗逆能力强的草种,栽培养护粗放,费用较低。

2. 草种的选择方法

(1)优先选用乡土草种。长江以南地区的狗牙根、结缕草、假俭草,华北地区的中华结缕草,西北、东北地区的草地早熟禾、紫羊茅等都属于乡土草种。这些乡土草种适应性强,造价低廉。

(2)科学配置混合草种。建植混合草坪的草可以是同种不同品种,也可以是同属不同种。草种混播技术常用于冷季型草坪草的播种。

(3)适度引进外来草种。为扩充草种资源,丰富物种多样性,提高观赏效果,满足草坪多种功能要求,除乡土草种外,还要适度引进异地优良草种。

3. 草种的选购

(1)如何选购草坪草种子?

种子质量指标:种子的活力和种子的纯度。

种子的活力是指活种子的百分率,或在某一标准试验条件下种子的发芽率,用数量百分数表达。

种子的纯度是指某一种子或某一栽培品种中含纯种子的百分率,以重量百分数来表示。

草种购买注意事项如下。

种子的活力:尤其注意种子的生产日期。

种子的纯度:尤其注意杂草种子的比率。

产地:注意原产地与建坪地区的气候土壤条件是否相似。

(2)如何选购草皮、草毯?

草皮、草毯质量标准:生长健壮、根系发达、盖度高、纯净均一;无病虫草害,特别注意杂草数量及种类;草皮块的实际面积。

(3)如何选购草茎?

草茎质量标准:茎叶健壮;新鲜;纯净。

4. 草种准备时间

(1)草坪草种子可于场地准备前购买。

(2)草皮块则应在场地准备好之后再运送到现场,之前可事先预定好。

(3)草茎和草毯的准备同草皮块,植生带的准备同种子。

(三)场地的准备

1. 场地清理

(1)岩石、石砾、建筑垃圾的清理。

①岩石、石砾。根据设计要求,对有观赏价值的可留作布景。其余一律清除或深埋60 cm以上,并用土填平。

②建筑垃圾。建筑垃圾是指块石、石子、砖瓦及其碎片、水泥、石灰、泡沫、薄膜、塑料制品、建筑机械留下的油污等。这些垃圾都要彻底清除或深埋60 cm以上。

③农业污染和生活垃圾。油污、药污可导致土壤多年寸草不生,最有效的办法是换土,并将污染土深埋到植物根系以下的土层。

(2)木本植物的清理。木本植物包括乔木和灌木以及倒木、树桩、树根等。设计之外的木本植物要移走,并清理干净残根。古树、倒木、树桩应尽量保留。

(3)杂草的清理。杂草清除是草坪栽培管理工作中一项艰巨而长期的任务。在建坪前清理现有的杂草,能起到事半功倍的效果。

①物理防除:指用人工或土壤耕翻机具的手段清除杂草的方法。

②化学防除:指用化学除草剂杀灭杂草的方法。通常应用高效、低毒、残效期短的灭生性内吸或触杀型除草剂。

2. 地形整理

(1)工作程序。表土层挖运至一边待用→按设计定木桩,木桩上备注标高、挖土量或填土量→挖高填低→填回表土层。

(2)注意事项。

①地形坡度不宜太大。

②水平设计考虑2%的地表排水坡度。

③填方时考虑土壤沉降问题(15%)。

④计算好工作量,合理利用台班。

3. 土壤耕作

土壤耕作是建坪前对土壤进行耕、旋、耙、平等一系列操作的总称。

(1)耕作的作用。耕作的作用在于为草坪草创造一个理想的土壤环境,以促进其根系的生长发育。

(2)耕作措施。主要包括耕地、旋耕、平整等工序。

耕地是利用畜力或机械动力牵引,用犁将土壤翻转的过程。

旋耕多用机械完成,分深旋和浅旋。

平整是整地的最后一道工序。平整的标准是平、细、实,即地面平整,土块细碎,上松下实;往往要结合挖方与填方、坡度整理进行;最后要达到"小平大不平"的效果。

4. 土壤改良

理想的草坪地应土层深厚,无异型物体,土壤肥沃,排水良好,pH 值为 6~8,结构适中。土壤改良的主要内容如下。

(1)土壤质地。

①黏土掺沙土,沙土掺黏土。

②施有机肥:如泥炭、蘑菇肥、椰糠、稻壳、麦壳、碎秸秆、垃圾肥、锯屑等,用量为 3~5 cm 厚。

(2)土壤酸碱度。酸性土可添加石灰石粉。

(3)土壤肥力。

①施足基肥。如泥炭、蘑菇肥、复合肥。

②应用保水剂。如椰糠、锯屑、花泥。

(4)土壤厚度。30 cm 以上。

(5)土壤消毒。

把农药施入土壤中,杀灭土壤病菌、害虫、杂草种子、营养繁殖体、致病有机体等。

(四)选用不同的建坪方法建植草坪

1. 种子繁殖的方法

(1)播种法。

①播种时间。就播种期而言,草坪草一年四季均可播种。播种时间以温度为依据。一般,暖季型草坪草宜秋季播种,日均温高于 12 ℃;期间,早播较迟播好。冷季型草坪草宜春季和夏季播种,日均温高于 6~10 ℃;期间,早播比迟播好。

②播种量。草坪种子的播种量取决于种子质量、混合组成和土壤状况以及工程的要求。特殊情况下,为了加快成坪速度可加大播种量。

③播种方法。将种子均匀地撒在建坪地上,松耙,使种子掺和到 0.5~1.5 cm 的土层中。或先播撒种子,再覆土 0.5~1.0 cm 厚。一般,种子越小,播种深度越浅,播种深度以不超过所播种子长径的 3 倍为准;小面积采用人工撒播,大面积采用机械播种。

a. 人工撒播。优点:灵活,尤其在有乔灌木等障碍物的位置、坡地及狭长和小面积建植地上适用。缺点:播种不易均一,用种量不易控制,有时造成种子浪费。

人工撒播步骤:把建坪地划分成若干块或条;把种子相应地分称成若干份;把种子均匀地撒播在块或条中;用竹丝扫帚轻捣、轻拍、轻压;浇水。

人工撒播小技巧:种子细小可掺细沙、细土撒播;撒播 2~3 个来回以确保均匀;若盖土,所盖土也要分成若干份撒盖。

b. 机械播种。当建植面积较大时,尤其是运动场草坪的建植,适宜用机械播种。其最大的特点是容易控制播种量、播种均匀。不足之处是不够灵活,小面积播种不适用。常用播种机有旋转式播种机和自行式播种机。

④播后管理。

a. 镇压。

镇压的目的:使松土紧实,改善土壤墒情,促进种子发芽和生根。

镇压时间和方法:在土质较细的地区,尤其是北方地区或沙土地区,播种后浇水前即镇压,兼起盖籽作用。镇压可用人力推动重辊或用机械进行。辊可做成空心状,可装水或沙以调节重量。重量一般为60~200 kg。

b. 浇水。

一般播前1~2 d将坪床浇透水一遍,待坪床表面干后用钉耙疏松再播种,以增加底墒,避免播后大量浇水造成冲刷和土壤板结。浇水宜用雾状喷头,避免大水冲刷。北方习惯在播后覆盖草帘或草袋,覆盖后要浇足水,并经常检查墒情,及时补水。南方在播后很少覆盖,宜勤浇水,保持坪床呈湿润状态至出苗是关键。

c. 覆盖。

覆盖的目的:稳定土壤中的种子,防止暴雨或浇灌的冲刷,避免地表板结和径流,使土壤保持较高的渗透性;抗风蚀;调节坪床地表温度,夏天防止幼苗暴晒,冬天增加坪床温度,促进发芽;保持土壤水分,促进生长,提前成坪。

覆盖的材料:覆盖材料可用专门生产的地膜、无纺布、遮阳网、草帘、草袋等,也可就地取材,用农作物秸秆、树叶、刨花、锯末等。

覆盖的时间:一般早春、晚秋后低温播种时覆盖,以提高土壤温度。早春覆盖,待温度回升后,幼苗分蘖分枝时揭去覆盖物。秋冬覆盖,持续低温可不揭去覆盖物,若幼苗生长健壮并具有抗寒能力可揭去覆盖物。夏季覆盖(如北方地区)主要起降温保水等作用,待幼苗能自养生长时必须揭去覆盖物,以免影响光合作用,但不宜过早,以免高温回芽。

(2)植生带法。

①植生带法简介。

a. 植生带。植生带是用特殊的工艺将种子均匀地撒在两层无纺纤维或其他材料中间而形成的种子带。植生带法是用植生带来建植草坪的建坪技术。

b. 植生带法的特点。种子密度均匀,出苗均匀,成坪质量好;运输方便;简化播种,便于操作。

c. 植生带的应用。适宜中小面积草坪建植,尤其是坡度不大的护坡、护堤草坪的建植。

②植生带的材料组成及工艺。

a. 材料。

载体:主要有无纺布、纸载体。

载体要求:播种后能在短期内降解,避免对环境造成污染;轻、薄,具有良好的物理强度。

黏合剂:多采用水溶性胶黏合剂或具有黏性的树脂。黏合剂的作用:使种子黏在载体上。

草种:各种草坪草种子均可做成植生带,如草地早熟禾、高羊茅、黑麦草、白花车轴草等。质量越高的草种发芽率越高。

b. 加工工艺。

双层热复合植生带生产工艺、单层点播植生带工艺、双层针刺复合匀播植生带工艺。

③储运和运输。要求库房整洁、卫生、干燥、通风；温度 10～20 ℃，相对湿度不超过 30%；注意防火；预防杂菌污染及虫害、鼠害；运输中防水、防潮、防磨损。

④植生带法建坪技术要领。

a.场地准备。精细整地，做到地面高度平整。土壤细碎，土层压实，避免虚空影响铺设质量。

b.铺设植生带。

铺设：铺设要仔细认真，接边、搭头时将植生带的有效部分搭接好，以免漏播。

覆土：覆土要细碎、均匀；一般覆土 0.5～1 cm；覆土后用辊镇压，使植生带和土壤紧密接触。

浇水：采用微喷或细小水滴设备浇水；浇水均匀，喷力微小，以免冲走覆土。每天浇水 2～3 次，保持土表湿润至齐苗 40 d 左右即可成坪。

(3)喷播法。

①喷播法建坪。喷播法建植草坪是一种播种建植草坪的新方法，是以水为载体将草坪种子、生长素、土壤改良剂、复合肥等成分通过专用设备喷洒在地表生成草坪，达到绿化效果的一种草坪建植方式。

②喷播法的应用。喷播法主要适用于对公路和铁路的路基、斜坡、大坝护坡及高速公路两侧的隔离带和护坡进行绿化；也可用于高尔夫球场、机场等场所的大型草坪的建植。

③喷播的设备。喷播需要的喷投设备，主要由机械部分、搅拌部分、喷射部分、料罐部分等组成。一般安装在大型载重汽车上，施工时现场拌料现场喷播。

④草浆的配制。

a.草浆要求：无毒、无害、无污染、黏着性强、保水性好、养分丰富；喷到地表能形成耐水膜，反复吸水不失黏性；能显著改善土壤的团粒结构，有效地防止坡面浅层滑坡及径流，使种子幼苗不流失。

b.草浆的原料：草浆一般包含水、黏合剂、纤维、染色剂、草坪种子、复合肥等，有的还加保水剂、松土剂、活性钙等材料。

c.配制比例：喷播时，水与纤维覆盖物的重量比一般为 30∶1。

d.配制方法：一般先加水至罐的 1/4 处，开动水泵，使之旋转，再加水，然后依次加入种子→肥料→活性钙→保水剂→纤维覆盖物→ 黏合剂等。搅拌 5～10 min 使浆液均匀混合才可喷播。根据喷播机的容量计算材料的一次用量，不同的机型一次用量不同。

⑤喷播建坪。喷播时水泵将浆液压入软管，从管头喷出。要求操作人员熟练掌握将浆液均匀、连续喷到地面的技术。每罐喷完，应及时加进 1/4 罐的水，并循环空转，防止上一罐的物料依附沉积在管道和泵中。完工后用 1/4 罐清水将罐、泵、管道清洗干净。

2.营养繁殖的方法

(1)铺设法。

①草皮的生产。

a.普通草皮的生产。

草圃选址的要求。靠近路边(好运输);水源充足(好浇灌);地势平坦(好整地);阳光充足(草好长);土壤肥沃(养分足)。

普通草皮的生产程序。北方:整地→播种→苗期管理→起草皮→打包→装车。南方:整地→撒茎→养护管理→起草皮→打包→装车。

整地。仔细耕翻、平整、压实,要求土壤细碎、地面平整。

播种(北方)。当表土不黏脚时,疏松表土,用人工撒播或用机械撒播。播后用细齿耙轻耙一遍或用竹帚轻扫一遍,使种子和土壤充分接触,并起覆土耙平的作用。镇压,使种子和土壤接触紧密。

苗期管理(北方)。根据天气情况适当喷水(雾),保持地面湿润。温度适宜时,草地早熟禾一般 8~12 d 出苗,高羊茅、黑麦草 6~8 d 出苗。

撒茎(南方)。先往地里灌水,把土泡软,呈泥浆状。然后把草茎撒在泥浆上,边撒边拍,使草茎和土壤紧密接触。

养护管理(南方)。浇水是关键,保持土壤湿润。一般 40~60 d 即能成坪。

起草皮。先用垂直切割机剪切草坪,然后用平底铁锹铲坪(或用起草皮机)。规格为 30 cm×47 cm 或 30 cm×30 cm。

打包。规格为 9 块 1 包。

装车。装载运至现场铺设。

b.草毯的生产。生产程序:建隔离层→铺塑料薄膜→铺塑料网→覆盖培养基质 1 cm→播种→覆盖培养基质 0.5 cm→管理成坪。

技术要点。隔离层选用砖砌场地或水泥场地,或用地膜;种网可用无纺布、粗孔遮阳网等;基质选用稻壳、锯木屑等,要堆沤腐熟;管理的关键是灌溉和施肥;保持基质呈湿润状态,施肥要坚持"少吃多餐"。

②铺设法建坪。

a.点铺法(分株法)。将草皮或草毯的草坪草株或株丛,按一定的距离栽入疏松的坪床内,通过浇水等养护管理方法而形成草坪的方法。常用于密丛型的草坪草。

点铺法技术流程:场地准备→植株准备→种植→浇水→养护管理。

点铺法特点:植株成活率高;但需大量人工,且成坪时间长。

b.块铺法。将草皮或草毯分成小块,长、宽 6~12 cm,以 20~40 cm 的间隔栽入坪床,经镇压、浇水成活。

块铺法技术流程:场地准备→草皮块准备→铺植→浇水、镇压→养护管理。

块铺法特点:节约草皮,分布较均匀;但成坪时间较长,需 60~80 d。

c.条铺法。将草皮或草毯分成长条形,以 3~6 cm 或更宽的间距铺植在场地内,经镇压、浇水成活。

条铺法技术流程:场地准备→草皮条准备→铺植→浇水、镇压→养护管理。

条铺法特点:节约草皮,铺装面积为总面积的 1/3 左右。一般 40~60 d 成坪。

d.密铺法。将草皮或草毯以 1~2 cm 的间隔铺植在整好的场地上,并经镇压、浇水等管理方式使之成坪。

密铺法技术流程:场地准备→草皮块准备→铺植→浇水、镇压→养护管理。

密铺法特点:能形成"瞬时草坪",景观质量好,但建坪成本高。

③技术要领。

a. 材料好。铺植前逐块检查,去除杂草。

b. 正当时。北方:春季至夏季。南方:全年。

c. 铺后镇压、浇透水。铺植后 2~3 d 需再次镇压。

(2)撒茎法。

①播茎法即利用草坪的茎作"种子"撒布于坪床上,经成活、成坪管理形成草坪的一种建坪方法。

②撒茎法建坪特点。

a. 生产周期短;

b. 投资少,省工,成本低;

c. 运输量少。

③适用的草坪草。凡是具有匍匐茎或枝的草坪草种都可采用撒茎法播种。

④技术流程。场地准备→草茎准备→撒茎→覆土→镇压→浇水。

⑤技术要领。

a. 坪床要精细平整,无低洼积水处;

b. 草茎要新鲜,带 2~3 个茎节;

c. 草茎用量一般为 0.5 kg/m²;

d. 覆细土 0.5 cm 左右;

e. 覆土后一定要镇压;

f. 最好进行喷雾灌溉,保持土壤湿润。

(3)扦插法。

①扦插法建坪就是利用插穗,将其插入土中,经浇水、养护管理形成草坪的一种建坪方法。如南方的大叶油草、蟛蜞菊、蔓花生,北方的百里香等常采用扦插法建坪。

②扦插法建坪程序。坪床准备、插穗准备→扦插→压实→浇水→养护管理。

③技术要领。

a. 插穗要新鲜、健壮,至少带 3 个节;

b. 扦插后一定要压实,使插穗和土壤紧密接触;

c. 扦插后土壤要保持湿润,避免插穗失水;

d. 及时清除杂草,预防病害。

(五)新草坪的养护

1)浇水

新坪养护,水分管理是关键。保持土壤湿润,不干旱、不积水。每次浇透水,大雨后及时排水。

2)施肥

施肥原则:"少吃多餐"。追肥以速效肥为主,如尿素,用量为 10 g/m²。播种建坪,出苗后 7~10 d 施好首次分蘖、分枝肥。施后结合喷灌或浇水以提高肥效和防灼伤。

3)修剪

用播种法建坪的首次修剪宜在幼坪形成以后及时进行,待草坪覆盖度近 100% 时再修剪一次。用营养法建坪的可按照1/3原则进行修剪。留茬高度因草种而异,剪后施肥、浇水一次。

4)杂草防除

播种建坪,在草坪成坪前,一般不用化学法除草。新坪养护一般采用人工拔除杂草。

六、草坪养护

(一)草坪修剪

草坪修剪也叫草坪刈剪、剪草、铡草,是定期去掉草坪草枝条顶端部分的一项作业。

1. 为什么要修剪草坪

修剪的目的:使草坪保持平整美观,以充分发挥草坪的坪用功能。

修剪的作用:产生一个优美的坪面(好看);促进草坪草生长、分枝(好长);控制杂草。但过度修剪会造成草坪的退化,所以草坪必须合理修剪。

2. 草坪为什么可以被频繁地修剪

草坪草的生长点很低;草坪草的再生能力极强。

3. 什么时候修剪草坪

草坪修剪的1/3原则是确定草坪修剪时间和修剪频率的唯一依据。

(1)什么是修剪频率?什么是修剪周期?

修剪频率是指一定时期内草坪修剪的次数。修剪周期则是指连续两次修剪之间的间隔时间。

修剪频率越高,修剪周期越短,修剪次数越多。草坪一般都要求定期修剪。

(2)什么是1/3原则?

1/3原则是指每次修剪时,剪掉的部分不能超过草坪草自然高度(未剪前的高度)的1/3,具体如下图所示。

如果一次修剪的量多于1/3,由于大量的茎叶被剪去,势必引起养分的严重损失(养分亏空);如果一次修剪的量远不足1/3,会引起真菌及病原体的入侵、养分储量的降低以及不必要的管理费用的增加。

草坪修剪1/3原则示意图

(3)一般草坪的修剪频率。

冷季型草坪草:春秋两个生长高峰期,1周1次;夏季、晚秋,一般2周1次。

暖季型草坪草:夏季(4—10月),一般1周1次;其他时候,2周1次。

4. 如何确定草坪修剪高度

有效的修剪高度是修剪后立即测得的地上枝条的高度,通常也称为修剪留茬高度。

一般,草坪草适宜的留茬高度为3~4 cm,部分遮阴留茬应更高一些。

(1)草坪草的种类及品种。根据草坪草的种类及品种不同,留茬高度也有所不同。

(2)用途。草坪用途不同,修剪高度不同。高尔夫球场的球穴区为0.5 cm左右;足球场一般在2~4 cm;游憩草坪4~6 cm;其他草坪一般可控制在8~13 cm。

(3)环境条件。据具体的环境条件,留茬高度也有所变化。

修剪时,留茬高度还应依据1/3原则进行。

5. 怎么修剪草坪

(1)草坪修剪机械。

剪草车:适用于修剪大面积草坪。

剪草机:适用于修剪小面积草坪。

割灌机:适用于修剪斜坡草坪、边缘地带草坪。

不同剪草机(车)的特点如下,可据具体条件选用合适的机械。

旋刀式:便宜、修剪质量稍差、修剪作业高度一般为25~120 mm、保养维修方便、使用灵活,广泛适用于修剪各类草坪。

滚刀式:昂贵、修剪质量高、修剪作业高度低(3~80 mm)、保养要求严格、维护费用高,适用于精细地修剪草坪。

(2)修剪方向。剪草机作业时运行的方向和路线,会显著影响草坪草枝叶的生长方向和土壤受挤压的程度。

同一草坪每次修剪要避免从同一方向、同一路线往返进行。否则,草叶会趋于同一方向定向生长,出现纹理现象。

(3)间歇修剪技术。按图形标记,隔行修剪,完成一半的修剪量。间隔数日以后,再修剪其余的一半。间隔天数一般为1~3 d,在能清晰地显示色差的前提下,间隔天数越短越好。

(4)草坪边缘的修剪。越出边界的茎叶,可用切边机或平头铲等切割整齐。毗邻路牙或栅栏,剪草机难以修剪的边际草坪,可用割灌机或刀整修平整。

(5)草屑的处理。剪草机剪下的草坪组织总体称为草屑。草屑的处理根据具体情况而定。如果修剪下来的草屑较短,可留在草坪内,有一定的营养作用。但是,在大多数情况下,草屑留在草坪内弊大于利,既影响了美观,降低了坪床的通透性,又容易诱发病害,而使草坪过早退化。每次修剪后,建议将草屑集中,及时移出草坪;若天气干热,也可将草屑留放在草坪表面,以减少土壤水分蒸发。

(二)草坪灌溉

1. 为什么要灌溉

水是生命的源泉。草坪土壤水分的调节与控制涉及灌溉、排水。

2. 如何知道草坪需要灌溉

(1)植株观察法。

(2)土壤含水量目测法。

(3)仪器测定法。

一天中最佳的灌水时间是清晨。

3. 如何知道草坪需要灌溉多少水

检查灌溉水浸润土壤的实际深度,以确定灌水量。一般,在生长季节,草坪每次的灌水量以润湿 10~15 cm 的土层为宜。在北方,冬季灌溉则增加到 20~25 cm。在草坪草生长季节的干旱期内,每周需补充能浸透土层 30~40 mm 的水,在炎热而干旱的条件下,旺盛生长的草坪每周需补充能浸透土层 60 mm 或更多的水。

4. 灌溉的方法有哪些

(1)灌溉原则。

①灌溉必须有利于草坪草根系向土壤深层生长发育,应根据草坪草的需要,在草坪草缺水时进行灌溉。

②单位时间内的灌水量(灌水强度)应小于土壤水分的渗透速度,总灌水量不应超过土壤的田间持水量。

③对壤土和黏壤土而言,应"每次浇透,干透再浇",但在沙土上,小水量多次灌溉更适合。

(2)灌溉次数。一般每周两次较好。保水性好的土壤,可每周一次。保水性差的沙土,可每周三次。

(3)灌溉方法。

①人工管灌。

②草坪喷灌。

(4)草坪节水措施。

促使草坪根系往土壤深处生长,是提高草坪草抗旱性的根本之路。

①建坪时,尽可能选用耐旱的草种或品种,增施有机肥和土壤保水剂,提高建坪土壤的保水能力。

②秋季:对草坪进行打孔,清除枯草层,表施土壤,施用磷肥以提高草坪草根系的活力。

③修剪时,不要超过修剪留茬高度进行低修剪;干旱季节适当提高留茬高度,减少修剪次数,少量的草屑可留在草坪中。

④干旱季节、干旱时期应减少施肥量,并使用富含钾的肥料以增加草坪草的耐旱性。因为高比例的氮肥,会使草坪草生长很快,叶片多汁,需水较多,更易萎蔫。

⑤灌溉前,注意天气预报,确定是否下雨。利用雨量器精确测量降雨量,当降雨充沛时,可延迟灌溉或减少灌溉量。

⑥少用除草剂,有的除草剂会对草坪草的根系产生一定的伤害。

(三)草坪施肥

1. 草坪施肥的目的

(1)培肥土壤,增加土壤肥力。

(2)促进草坪植物生长,延长草坪绿期。

2. 草坪肥料

(1)有机肥料。南方:泥炭、椰糠、蘑菇肥、花生麸、猪粪、鸡粪、堆肥、绿肥。北方:泥炭、谷糠、稻壳、锯末屑、厩肥、堆肥、油饼、绿肥。

(2)化学肥料。复合肥、尿素、磷酸二氢钾、氯化钾、微肥。

3. 如何施肥

(1)施肥方式:基肥、追肥、种肥。

(2)施肥方法:干施、湿施。

(3)施肥时间:春季促分蘖、促返青;秋季促根系生长、有利于越冬;夏季促生长;冬季保绿(北方休眠,不施肥)。

(4)施肥量:化学肥料用量为 $5\sim15\ g/m^2$;有机肥料用量为 0.5 cm 厚。

(5)施肥次数。一般绿化草坪 2~3 次/年;足球场、高尔夫球场 4~6 次/年;护坡草坪 4~6 次/年。

(四)草坪辅助养护技术

1. 表施土壤

1)表施土壤的含义

表施土壤是将沙、土壤和有机质适当混合,均匀施入草坪的作业。

2)表施土壤的作用

(1)控制枯草层,促进枯草层分解。

(2)平整坪床表面,使草坪表面平整。

(3)促进草坪草的再生,提高草坪的耐践踏能力。

(4)延长草坪绿期。

(5)保护草坪。

3)表施土壤的材料

表施土壤的材料主要有沙、土壤、有机质。

材料混合配比如下。

重壤土:1 份泥炭、2 份壤土、4 份沙。

壤土:1 份泥炭、4 份壤土、2 份沙。

沙壤:2 份泥炭、4 份壤土、1 份沙。

4)表施土壤的方法

(1)表施土壤的机械。小面积:独轮车、铁铲、扫把。大面积:铺沙机。

(2)表施土壤的时间。一般在草坪草萌芽期或生长期进行。冷季型草坪草:春季和秋季。暖季型草坪草:春末夏初和秋季。

(3)表施土壤的量。0.5~1.0 cm 厚。

(4)表施土壤的次数。一般的草坪:1 年 1 次。高尔夫球场、运动场草坪:1 年 2~3 次。

(5)表施土壤的注意事项。

①表施土壤的材料要干燥、过筛。

②一定不能带杂草种子、害虫等。

③严格控制表施土壤的深度,千万不要施得太厚。

④表施土壤要配合其他作业进行。比如,表施土壤前通常要先剪草,如果枯草层太厚要先梳草,以免草叶太长,被压在材料下面导致植株枯黄甚至死亡;为了避免表施土壤带来的草坪土壤成层问题,可以结合垂直修剪或打孔进行表施土壤作业。

2. 草坪打孔

1)什么是打孔

打孔是用打孔机在草坪上打许多孔洞的一项作业。

2)草坪为什么要打孔

打孔的目的:避免土壤板结。

打孔的作用:①改善土壤通气性;②改善土壤的渗透性、供水性和蓄水性;③改善土壤的供肥性和保肥性;④促进草坪草的生长发育。

打孔的不利影响:草坪外观暂时受到影响;草坪草脱水;产生杂草以及地下害虫的问题。

3)打孔的方法

(1)打孔机械。

手扶自走式打孔机、坐骑式打孔机、手动打孔机。

(2)打孔时间。

在草坪草生长旺季进行打孔。冷季型草坪在夏末秋初打孔;暖季型草坪在春末夏初打孔。

(3)打孔注意事项。

①注意作业时间。

②土壤太干或太湿时,不要打孔。

③打孔应配合其他作业进行。如配合施沙作业、拖耙或垂直修剪作业、施药作业。

3. 疏草

1)什么是疏草

疏草是用梳草机清除草坪枯草层的作业。

2)为什么要疏草

疏草是为了清除枯草层。枯草层是由枯死的根、茎、叶组成的致密层,堆积在土壤和青草之间。枯草层太厚,会阻碍草坪草对水分和养分的吸收。

3)如何疏草

(1)疏草机械。

疏草机、梳草耙、钢丝扫帚、细齿耙。

(2)疏草时间。

在生长旺季疏草。暖季型草坪在春末夏初;冷季型草坪在夏末秋初。

(3)疏草注意事项。

①注意疏草深度;②碎屑要及时清除;③草坪干燥时进行疏草;④疏草可配合其他作业进行。

4. 滚压

1) 滚压是什么

滚压是用压辊在草坪上边滚边压的作业。

2) 滚压的作用

(1) 促进草坪草的生长(好长)。

(2) 修饰地面,改善草坪景观(好看)。

为什么滚压可以促进草坪草的生长?

促进草坪草的分枝、分蘖。

滚压为什么可以改善草坪景观?

①增加密度;②平整;③形成草坪图案。

3) 怎样对草坪进行滚压

(1) 滚压的机械。

滚压机。播种后滚压:50~60 kg。铺植后滚压:50~60 kg。修整床面:200 kg。

(2) 滚压时间。

宜在生长季进行。

什么时候需要滚压?

坪床准备时、铺植后、播种后、生长季、起草皮前、解冻后。

(3) 注意事项。

①滚压一定不能过度。

②草坪弱小时不宜滚压。

③在土壤黏重、太干或太湿时不宜滚压。

④滚压通常结合修剪、表施土壤、灌溉等作业进行。

5. 草坪的修补

1) 下陷的草坪

(1) 切割草皮。

(2) 翻开草皮。

(3) 加入土壤(注意土壤下沉问题,要把土壤摊开,加少量水,镇压)。

(4) 把翻开的草皮重新放置回去。

(5) 镇压、浇水。

2) 斑秃的草坪

(1) 去掉斑秃草皮块。

(2) 松土、施肥。

(3) 镇压。

(4) 重新置入大小刚好的草皮块。

(5) 检查草皮块是否铺平。

3) 受损的草坪边缘

(1) 切下受损的草坪边缘部分。

(2) 先前推,直到受损的部分超过草坪边缘。

(3) 利用直木板切割草皮。

(4)根据切口大小,置入新草皮。
(5)如果不平,可以加入少量土壤。
(6)镇压。
(7)在结合处撒施少量土壤。
(8)浇水。

七、草坪质量评价

1. 外观质量评价

目测法(视觉评估法):采用9分制,最好为9分,最差为1分。

评价要素:颜色、密度、质地、均一性。

密度:密度表明草坪植株的稠密程度,单位面积上草坪植株或叶片的个数。

质地:质地表示草坪叶片的细腻程度,取决于叶片宽度和触感。叶片越细,质地越好。

2. NTEP草坪外观质量评价法

NTEP是美国国家草坪评比项目(the national turfgrass evaluation program)的简称。采用9分制。

评价要素:颜色、质地、密度、均一性和总体质量。

权重:颜色2,密度3,质地2,均一性2。

总分9分=2/9×颜色得分+3/9×密度得分+2/9×质地得分+2/9×均一性得分

质地:叶片宽1 mm或更窄,为8~9分;1~2 mm,7~8分;2~3 mm,6~7分;3~4 mm,5~6分;4~5 mm,4~5分;5 mm以上,1~4分。

均一性:草坪草色泽一致,生长高度整齐,密度均匀,完全由目标草坪草组成,不含杂草,并且质地均匀的草坪为9分。裸地、枯草层或杂草所占据的面积达到50%以上时,均一性为1分。

颜色:枯黄草坪或裸地为1分。草坪内有较多的枯叶,较少量绿色植株时,为1~3分;草坪内有较多的绿色植株,少量枯叶或基本由绿色植株组成,但颜色较浅时,为5分;草坪为从黄绿色到健康宜人的墨绿色时,为5~9分。

3. 草坪功能质量评价

(1)刚性:指草坪叶片对外来压力的抗性,与草坪的耐践踏能力有关。是由植物组织内部的化学组成、水分含量、温度、植物个体的大小和密度所决定的。

(2)弹性:指草坪叶片受到外力作用变形、在消除应力后叶片恢复原来状态的能力。

(3)回弹力:也叫韧性,是草坪吸收外力冲击而不改变草坪表面特性的能力。草坪的回弹力部分受草坪草叶片和滋生芽的影响,但主要受草坪草生长介质特性的影响。如在草坪上保留适当的枯草层和类似草垫层的物质能增加草坪的回弹力。

(4)再生力:指草坪受到病害、虫害、踩压及其他因素损害后,能够恢复覆盖、自身重建的能力。受植物遗传特性、养护措施、土壤条件与自然环境的影响。

八、草坪保护

(一)草坪草病害

草坪草病害发生的过程始于病原物侵入寄主植物。病原物种类主要包括真菌、细菌、病毒、类病毒、类菌质体、线虫等。真菌通过各种孔道侵入草坪草体内。在植株体中,真菌可以形成菌丝体。菌丝在植株体内释放出毒素,使植物细胞失去完整结构以致最终死亡。

病害流行必是具备三个条件,即存在大量感病的寄主植物、大量致病力强的病原物和适宜病害发生的环境条件,三者缺一不可。

1. 草坪草病害的症状

症状由病状和病症组成。

病状:草坪草本身的不正常表现。

病症:发病部位病原物的表现。

1)病状

(1)变色:发生在叶片。

(2)坏死:草坪草发病部位的细胞和组织死亡称为坏死。

(3)腐烂:根据腐烂发生的部位可称为芽腐、根腐、茎腐、叶腐等。

(4)萎蔫:病害萎蔫一般是不可逆的,萎蔫可以是全株性的或局部的。

(5)畸形。

2)病症

(1)霉状物:如霜霉病。

(2)粉状物:如白粉病、黑粉病。

(3)锈状物:如禾草锈病。

(4)点(粒)状物:如炭疽病病部的黑色点状物。

(5)线(丝)状物:如禾草白绢病。

(6)溢脓:如细菌性萎蔫病病部的溢脓。

2. 草坪草病害的类型

1)生理性病害

生理性病害由不适宜的环境条件影响所致,如营养缺乏或过剩、水分过多或过少、温度过高或过低、光照不足或过强、缺氧、空气污染、土壤酸碱不当或盐渍化、药害、肥害等。

(1)生理性病害的特点。

①分布具有规律性,一般比较均匀,且大面积成片发生。

②通常表现为全株性发病。

③植株间不相互传染。

④病株只表现病状,没有病症。

(2)生理性病害的类型。

①营养失调。

②水分不均。

③温度不适。
④药害。
⑤环境污染物。

2)侵染性病害

侵染性病害是由生物因素,如真菌、细菌、病毒等引起的病害,具有传染性。

(1)侵染性病害的特点。

①可以看到由点到面逐步扩大蔓延的趋势。

②除病毒、类病毒等引起的病害外,通常有病状也有病症。

③具有传染性。

(2)侵染性病害常见类型。

①褐斑病。

由丝核菌引起的症状并不是只有褐斑,所以有学者称其为丝核菌病。该病是一种世界性的病害。在我国,尤其是在黄淮流域发病较重,常常造成大面积的草坪草枯死。

立枯丝核菌的有性阶段又称为丝核薄膜革菌,菌丝体呈淡黄褐色至褐色,直径 4~15 μm,直角分枝,分枝处缢缩,形成隔膜。菌核深褐色,直径 1~10 mm,形状不规则,表面粗糙。

症状:由于草种、品种不同,可引起禾草苗腐、根腐、基腐、鞘腐和叶腐。叶片初为水浸状,深绿色,枯萎后变为淡褐色,病斑梭形、椭圆形,1~4 cm;叶鞘产生褐色梭形、长条形病斑,0.5~1 cm。严重时,整个病茎呈褐色或枯黄色,分蘖枯死。潮湿时,可见菌丝体。根、根茎、匍匐茎被侵染时,呈黑褐色,腐烂。

留茬较低的草坪,出现大小不一,圆形至不规则形枯草斑,直径从 2 cm 到 1 m。枯草斑有暗绿色至灰褐色的水浸状变黑的边缘,似烟圈。留茬较高的草坪则出现褐色圆形枯草斑,直径可达 30 cm,如下图所示。

发生规律:致病真菌侵染草根,致死根毛和根尖薄壁组织。发病最适温度为21～32 ℃,在持续高温季节迅速发生,可持续发展到夏末秋初,气候潮湿或频繁浇水,也易导致真菌从草叶下部向上蔓延。

防治措施。适量灌溉:避免傍晚浇水,在草坪出现枯斑时,应尽量使草坪草叶片上夜间无水。平衡施肥:草坪土壤中氮含量过高会使褐斑病发生严重。及时修剪:夏季及时地进行草坪修剪,但不要修剪过低。药剂防治:可采用药剂拌种,如五氯硝基苯、代森锰锌、百菌清、甲基托布津等。发病初期效果较好的药剂有代森锰锌、百菌清、甲基托布津等。可以喷雾使用,也可以灌根防治。

②白粉病。

白粉病在世界各地都有发生,为草坪禾草上常见的茎叶病害之一。以草地早熟禾、细羊茅和狗牙根发病最重,是早熟禾和羊茅属草的重要病害。当感病草种种植在荫蔽或空气流通不畅的地方,长期处于低光照环境,发病就会很严重。该病主要降低光合效能,加大呼吸作用和蒸腾作用,造成植株矮小,生长不良,甚至死亡,严重影响草坪景观,如下图所示。

病原:由禾白粉菌引起,分生孢子呈链状。

发生规律:病菌不耐高温,主要以菌丝体或闭囊壳在病株体内或病残体中越冬。翌春,越冬菌丝体产生分生孢子,越冬后成熟的闭囊壳释放子囊孢子,通过气流传播,在晚春或初夏对禾草形成初侵染。着落于感病植物上的分生孢子不断引起再侵染。分生孢子只能存活4～5 d,萌发时对温度要求严格,适温17～20 ℃,对湿度要求不严格。禾白粉菌侵入禾草后,寄生在寄主叶片的表皮层细胞,通过吸器从活细胞中吸收所需要的营养。子囊孢子的释放需要高湿条件,通常在夏秋季降雨之后白粉病危害加重。

防治措施:合理选用抗病品种;适时修剪,不要留茬过高;合理灌水,避免少量多次浇水；增加草坪周围的光照和通气性；增施磷钾肥，控释氮肥；药剂防治采用放线菌酮、国光三唑酮、氯苯嘧啶醇、粉锈宁。

③币斑病。

发病的适宜条件：发病的适温为15～32℃，从春末一直到秋季都可能发生病害。温暖而潮湿的天气、氮元素缺乏、土壤干旱瘠薄等因素可加重病害的流行。

病原：子囊菌亚门核盘菌纲柔膜菌目。

感染草坪草：草地早熟禾、巴哈雀稗、狗牙根、假俭草、匍匐翦股颖、细弱翦股颖、多年生黑麦草、钝叶草、结缕草等多种草坪草。

发病症状：草坪上出现凹陷、圆形、漂白色或稻草色的枯草斑，大小如硬币，如下图所示。

防治方法。a.栽培措施防治：适当增施氮肥。合理灌水，提倡浇深水，尽量减少浇水次数。不要在午后和晚上浇水。通风透光，改善草坪空气流通状况。b.化学防治：可选用的药剂有百菌清、敌菌灵、丙环唑、粉锈宁、甲基托布津、扑海因、代森锰锌等。

3.草坪病害的防治

预防为主，综合防治。

1）预防

（1）加强检疫。

（2）加强管理。

①选用抗病草种。

②混播。

③勿用带病草种、草皮或草茎。

④建坪前，土壤严格消毒。

⑤合理修剪。

⑥加强肥水管理。

⑦及时清除枯草层。

2)防治

(1)化学防治。

①土壤处理:灌药、熏蒸等。

②种子处理:浸种、拌种、闷种等。

③草坪草处理:茎叶喷药(喷雾)、撒施(干施)、灌根(泼浇)等。

草坪常用杀菌剂:百菌清、粉锈宁、甲基托布津、代森锰锌、多菌灵。

(2)生物防治。

①以菌治虫。

②以虫治虫。

③以鸟治虫。

(二)草坪虫害

1. 常见草坪害虫

(1)地上害虫:草地螟、黏虫、夜蛾、蚜虫、叶蝉。

(2)地下害虫:蛴螬、蝼蛄、地老虎。

2. 防治办法

预防为主,综合防治。

1)预防

加强检疫,杜绝虫卵进入草坪;清除虫卵,清洁草坪。

2)防治

(1)毒饵。

(2)诱杀。

(3)捕杀。

(4)喷药。

3)草坪常用杀虫剂

美曲膦酯(敌百虫)、辛硫磷、氧化乐果、氯吡硫磷、敌敌畏。

(三)草坪杂草

1. 杂草的定义

杂草指草坪上除栽培的草坪植物之外的植物。

2. 常见草坪杂草

一年生禾草:马唐、狗尾草、牛筋草。

多年生杂草:白茅、狗牙根、香附子。

阔叶杂草:平车前、蒲公英、酢浆草、马齿苋、藜。

3. 杂草防除原则

以预防为主。

1)杂草入侵草坪的机会

(1)坪床准备时,杂草清除不完全。

(2)播种时,种子带杂草。

(3)铺植或撒茎时,草皮或草茎带杂草。

(4)表施土壤时,材料带杂草。
(5)施用有机肥料时,肥料带杂草。
(6)草坪草生长不良时,给杂草入侵创造机会。
2)预防措施
(1)切断杂草种源。
(2)加强养护管理,促进草坪草生长发育。
(3)清除草坪周围环境中的杂草。

4. 杂草防治方法

(1)人工拔除。
(2)化学防治。
①根据灭杀特性分类。
选择性除草剂:2,4-D丁酯、禾草克。
灭生性除草剂:草甘膦、百草枯。
②根据施用方法分类。
土壤处理剂:乙草胺、西玛津。
茎叶处理剂:草甘膦、2,4-D丁酯、百草枯。

计 划 单

学习领域		园林植物生产技术		
学习项目	项目1	草坪草生产技术（暖季型草坪草、冷季型草坪草）	学时	32
计划方式		学生计划、教师引导		

序号	实施步骤	使用资料

制订计划说明	
计划评价	班级　　　　　第　　组　　组长签名 教师签名　　　　　　　日期 评语：

决策单

学习领域	园林植物生产技术			
学习项目	项目1	草坪草生产技术（暖季型草坪草、冷季型草坪草）	学时	32

方案讨论：

	序号	任务耗时	任务耗材	实现功能	实施难度	安全可靠性	环保性	综合评价
方案对比								

方案评价	评语：

班级		组长签名		教师签名		年 月 日

材料工具清单

学习领域	园林植物生产技术			
学习项目	项目1 草坪草生产技术（暖季型草坪草、冷季型草坪草）		学时	32
序号	名称	数量	使用前	使用后

实施单

学习领域	园林植物生产技术		
学习项目	项目1	草坪草生产技术(暖季型草坪草、冷季型草坪草)	学时	32
实施方式	小组合作、动手实践		

序号	实施步骤	使用资源

实施说明	

班级		第　　组	组长签名	

教师签名		日期	

作业单

学习领域	园林植物生产技术			
学习项目	项目1	草坪草生产技术（暖季型草坪草、冷季型草坪草）	学时	32
作业方式	资料查阅、现场操作			
1	草坪与草坪草的区别有哪些？草坪的类型与作用有哪些？			
作业解答				
2	草坪草一般具有哪些特征？			
作业解答				
3	简要阐述草坪建植有哪些方法。			
作业解答				
4	草坪养护主要包括哪些内容？			
作业解答				
作业评价	学号		姓名	
	班级	第　组	组长签名	
	教师签名		教师评分	
	评语：			

检查单

学习领域	园林植物生产技术			
学习项目	项目1	草坪草生产技术（暖季型草坪草、冷季型草坪草）	学时	32
序号	检查项目	检查标准	学生自查	教师检查
1	资讯问题	回答认真准确		
2	草坪建植方式选择	正确合理		
3	草坪建植成果	操作正确熟练		
4	建植过程及注意事项	梳理完整规范		
5	养护工作	方案编写全面合理		
6	团队协作	小组成员分工明确、积极参与		
7	所用时间	在规定时间内完成布置的任务		

检查评价	班级		第 组	组长签名	
	教师签名			教师评分	
	评语：				

评价单

学习领域	园林植物生产技术			
学习项目	项目1	草坪草生产技术（暖季型草坪草、冷季型草坪草）	学时	32
项目类别	检查项目	学生自评	组内互评	教师评价
专业能力（60%）	资讯(10%)			
	计划(10%)			
	实施(15%)			
	检查(10%)			
	过程(5%)			
	结果(10%)			
社会能力（20%）	团队协作(10%)			
	敬业精神(10%)			
方法能力（20%）	计划能力(10%)			
	决策能力(10%)			
检查评价	班级		第　　　组	组长签名
	教师签名		教师评分	
	评语：			

教学反馈单

学习领域		园林植物生产技术			
学习项目	项目1	草坪草生产技术(暖季型草坪草、冷季型草坪草)		学时	32
序号	调查内容		是	否	理由陈述
1	你是否明确本学习项目的学习目标?				
2	你是否完成本学习项目的学习任务?				
3	你是否达到了本学习项目对学生的要求?				
4	资讯的问题,你是否都能回答?				
5	你是否熟悉暖季型草坪草、冷季型草坪草的生长发育规律?				
6	你是否能正确进行草坪草播种建坪?				
7	你是否掌握了植生带建坪方法?				
8	你是否熟悉喷播法?				
9	你是否熟悉草皮铺设?				
10	你是否熟悉草坪草养护的内容?				
11	你是否独立完成了草坪草养护工作方案的编写?				
12	你是否喜欢这种上课方式?				
13	通过几天的学习,你对自己的表现是否满意?				
14	你对本小组成员之间的合作是否满意?				
15	本项目的内容是否满足你的需求?还应学习哪些方面的内容?(请在下方意见栏中填写)				
16	学习本项目后,你还有哪些问题不明白?哪些问题需要解决?(请在下方意见栏中填写)				
你的意见对改进教学非常重要,请写出你的意见与建议。					
被调查人签名			调查时间		

项目 2　花卉生产技术

任务 1　一二年生花卉生产技术

任务单

学习领域	园林植物生产技术			
学习项目	项目 2	花卉生产技术		
	任务 1	一二年生花卉生产技术(以一串红、矮牵牛为例)	学时	12
布置任务				
学习目标	（1）掌握一二年生花卉的生长规律，熟悉其各生长阶段的特性及需求。 （2）熟悉一二年生花卉的苗圃地准备、育苗技术、栽培技术、养护技术。 ①学会运用播种繁殖技术培育实生苗； ②能够利用扦插技术培育扦插苗； ③学会对实生苗、营养繁殖苗进行养护管理。 （3）了解一二年生花卉的园林应用形式。			
任务描述	**1. 工作任务：一二年生花卉的育苗、栽植、养护** 			

2. 完成工作任务需要学习以下主要内容
(1)熟悉一二年生花卉的生长发育规律；
(2)确定一串红、矮牵牛繁殖可以采用哪些方式；
(3)掌握一二年生花卉栽植的过程及注意事项；
(4)熟悉一二年生花卉养护管理的内容。 |
学时安排	资讯4,计划1,决策1,实施4,检查1,评价1。
提供资料	(1)宋利娜主编的《一二年生草花生产技术》(中原农民出版社2016年出版)； (2)秦涛主编的《花卉生产技术》(重庆大学出版社2016年出版)； (3)张树宝、王淑珍主编的《花卉生产技术(第3版)》(重庆大学出版社2013年出版)； (4)陈春利、王明珍主编的《花卉生产技术》(机械工业出版社2013年出版)； (5)周淑香、李传仁主编的《花卉生产技术》(机械工业出版社2013年出版)； (6)杨云燕、陈予新主编的《花卉生产技术》(中国农业大学出版社2014年出版)。
对学生的要求	**1. 知识技能要求** (1)熟悉一二年生花卉各阶段的生长发育特性； (2)列出一二年生花卉播种繁殖的操作步骤,学会播种繁殖； (3)列出一二年生花卉扦插繁殖的操作步骤,学会扦插繁殖； (4)学会对一二年生花卉进行养护管理,列出养护管理的具体内容； (5)本任务结束时需上交2种不同繁殖方法的操作方案,及相应的栽植养护管理方案；要按时、按要求完成。 **2. 生产安全要求** 严格遵守操作规程,注意自身安全。 **3. 职业行为要求** (1)着装整齐； (2)遵守课堂纪律； (3)具有团队合作精神； (4)按时清洁、归还工具。

资讯单

学习领域	园林植物生产技术		
学习项目	项目 2	花卉生产技术	
	任务 1	一二年生花卉生产技术（以一串红、矮牵牛为例）	学时　12
资讯方式	学生自主学习、教师引导		
资讯问题	（1）一二年生花卉生命周期中的各阶段有哪些特点？ （2）一二年生花卉生长各阶段有哪些特殊的要求？ （3）一二年生花卉播种繁殖应如何进行，如何提高其发芽率？ （4）一二年生花卉扦插应如何进行？ （5）对于一二年生花卉，选择两种繁殖率高的方式，撰写操作步骤，并进行实践操作，完成作品。 （6）繁殖苗应如何进行栽培管理？阐述其栽培管理的技术要点。 （7）一二年生花卉应如何进行移植？阐述其具体操作过程。 （8）一二年生花卉养护管理的具体内容有哪些？		
资讯引导	（1）一二年生花卉的生长规律参阅宋利娜主编的《一二年生草花生产技术》（中原农民出版社 2016 年出版）； （2）园林花卉的各种繁殖方法参阅张树宝、王淑珍主编的《花卉生产技术（第 3 版）》（重庆大学出版社 2013 年出版）； （3）园林花卉的栽植及养护管理内容参阅秦涛主编的《花卉生产技术》（重庆大学出版社 2016 年出版）； （4）各种繁殖方法及栽植过程，参见相关网络视频。		

信息单

学习领域	园林植物生产技术			
学习项目	项目2	花卉生产技术		
	任务1	一二年生花卉生产技术（以一串红、矮牵牛为例）	学时	12
资讯方式	学生自主学习、教师引导			
信息内容				

一、一二年生花卉概述

1. 一二年生花卉的定义

一年生花卉：春天播种，夏秋开花、结实，后枯死，又称春播花卉，如鸡冠花、百日菊、万寿菊、千日红、一串红、凤仙花等。

二年生花卉：秋天播种，幼苗越冬，翌年春夏开花、结实，后枯死，故又称秋播花卉，如金鱼草、三色堇、羽衣甘蓝、金盏花、雏菊、矢车菊等。

2. 一二年生花卉的特点

生长周期短，可迅速为园林提供装饰；株型整齐，开花一致，群体效果好；种类、品种丰富，通过搭配可全年有花；繁殖栽培简单，投资少，成本低；多喜光。喜排水良好、肥沃疏松的土壤。

3. 一二年生花卉有性繁殖

春播：一年生花卉大多在春季播种。南方地区在3月中旬到4月上旬播种；北方在4月上中旬播种。如北方"五一"劳动节时的花坛用花，可提前于1—2月播种，在温床或冷床（阳畦）内育苗。

秋播：二年生花卉大多为耐寒花卉，多在秋季播种。南方多在10月上旬至10月下旬播种；北方在9月上旬至9月中旬播种。

4. 一二年生花卉无性繁殖

用扦插法培养的植株比播种苗生长快、开花早，短时间内可育成较大的幼苗，并能保持原有品种的优良特性。对不易产生种子的花卉，多采用这种繁殖方法。在一二年生花卉的繁殖中，一般不采用扦插繁殖，但种子不足时，常采用扦插繁殖方法，一般采用母本枝梢部分为插穗，并保留一部分叶片，在生长期进行。

二、一二年生花卉露地栽植技术

1. 整地作床（畦）

露地栽培一二年生草本园林植物，要选择光照充足、土地肥沃、地势平整、灌溉方便和排水良好的地块，在播种和栽植前进行整地。

1）整地

植物的生长发育和整地的质量有很大的关系。整地可以改善土壤的理化性质，使土壤疏松透气，利于土壤保水和有机质分解，有利于种子发芽和根系的生长。整地还具有一定的杀虫、杀菌和除草的作用。整地的深度根据花卉的种类及土壤情况而定。一二年生花卉生长期短,根系较浅,整地的深度一般控制在 20~30 cm。沙土宜浅,黏土宜深。多在秋天进行,可在播种或移栽前进行。

整地要求:应先将土壤翻起,使土壤细碎,清除石块、瓦片、残根、断根和杂草等,有利于种子发芽及根系生长。结合整地可施入一定的基肥,如堆肥和厩肥等,也可以同时改良土壤的酸碱性。

2)作床(畦)

一二年生花卉的露地栽培多用苗床栽培的方式。常见的有高床和低床两种形式,与播种繁殖床相同。

2. 栽植

一二年生草本花卉露地栽植皆采用播种繁殖,其中大部分先在苗床中育苗或在容器中育苗,经分苗和移植,最后再移至盆钵或花坛、花圃内定植。对于不易移植的花卉,可采用直播的方法。

1)移植

(1)时间:一般以春季发芽前为好。

(2)方法:可分为裸根移植和带土移植。裸根移植主要用于小苗和易成活的大苗。带土移植主要用于大苗,由于移植必然损伤根系,使根的吸水量下降,为减少蒸腾,有利于成活,所以在无风的阴天移植最为理想。天气炎热时应在午后或傍晚阳光较弱时进行。移植时边栽植边喷水,一床全部栽植完再进行浇水。栽植的株行距依花卉种类而异,生长快者宜稀,生长慢者宜密;株型扩张者移植与定植的株行距宜稀,植株紧凑者宜密。移植和定植的株行距也有不同,移植比定植密一些。

(3)过程。

①起苗:起苗应在土壤湿润的条件下进行,以减少根系受伤。如果土壤干燥,应在起苗前一天或数小时充分灌水。裸根苗,用铲子将苗带土掘起,然后将根群附着的泥土轻轻抖落。注意不要拉断细根和避免长时间暴晒或风吹。带土苗,先用铲子将苗四周泥土铲开,然后从侧下方将苗掘起,尽量保持土坨完整。为保持水分平衡,起苗后可摘除一部分叶片以减少蒸腾,但不宜摘除过多。

②栽植:栽植的方法可分为沟植、孔植和穴植。沟植是依一定的株行距开沟栽植,孔植是依一定的株行距打孔栽植,穴植是依一定的株行距挖穴栽植。裸根苗栽植时,应使根系舒展,防止根系卷曲。为使根系与土壤充分接触,覆土时用手按压泥土。按压时用力要均匀,不要用力按压茎的基部,以免压伤。带土苗栽植时,在土坨的四周填土并按压。按压时,防止将土坨压碎。栽植的深度应与移植前的深度相同。栽植完毕,用喷壶充分灌水,定植大苗常采用漫灌,第一次充分灌水后,在新根未发之前不要过多灌水,否则易烂根。此外,移栽后数日内应遮阴,以利于苗木恢复生长。

2)直播

直播播种的方法与一二年生花卉的方法相同。

适于:不耐移植的一二年生草本花卉。

注意:播种后间苗。间苗要点:露地花卉间苗通常分两次进行,最后一次间苗称为"定苗"。第一次间苗在幼苗出齐、子叶完全展开并开始长真叶时进行,第二次间苗在出现3~4片真叶时进行。间苗时要细心操作,不可牵动留下的幼苗,以免损伤幼苗的根系,影响生长。间苗要在雨后或灌后进行,用手拔除。间苗后需浇灌一次,使保留的幼苗根系与土壤紧密接触。间苗通常拔除生长不良、生长缓慢的弱苗,并注意苗间距离。间苗是一项很费力的操作工序,应通过做好选种和播种工作,确定适当的播种量,使幼苗分布均匀,减少间苗的操作。

三、一二年生花卉养护管理

1. 施肥

(1)肥料种类:前期以氮、钾肥为主,后期以磷、钾肥为主。

(2)施肥的方法。

基肥:一般无机肥料与有机肥料混合施用。在整地前翻入土中。

追肥:幼苗追肥氮肥可稍多一些,在生长期后期,磷、钾肥应逐渐增加,生长期长的花卉,追肥次数应较多。

2. 灌溉

一二年生花卉根系不发达,容易干旱,灌溉次数应多。

3. 一二年生花卉的修剪技术

主要的修剪技术就是摘心。摘除枝梢顶芽,称为摘心。摘心可使植株呈丛生状,开花繁多,抑制枝条生长,促使植株矮化并能延长花期。一般可摘心1~3次。但主茎上着花多且朵大的花卉,就不宜摘心,如鸡冠花、蜀葵等。

四、一二年生花卉促成与抑制技术

花卉促成与抑制技术指通过人为地改变环境条件和采取特殊的栽培方法及管理技术,使花卉提前或延迟开花的技术措施。

(一)基本原理

1. 温度

温度是影响花卉生长发育的最重要的环境因子之一,它影响着植物体内的生理变化。每一种花卉都有温度的三基点,即最低温度、最适温度和最高温度。并且,花卉的原产地不同、种类不同,温度的三基点也不同。

原产于热带的花卉:生长的基点温度较高,一般在18 ℃左右开始生长。如热带王莲的种子,需在30~35 ℃的水温下才能萌发。原产于温带的花卉:生长的基点温度较低,一般在10 ℃左右开始生长。如芍药、牡丹10 ℃左右就能萌芽生长。原产于亚热带的花卉:生长的基点温度介于前两者之间,一般在15~16 ℃开始生长,如杜鹃、月季等。

1)同一种花卉在不同发育时期对温度有不同的要求

一年生花卉:种子萌芽在高温中进行,幼苗期要求的环境温度相对较低,从幼苗到开花结实要求温度不断升高。

二年生花卉:种子萌芽在较低温度下进行,幼苗期要求的环境温度更低(通过春化作用),开花结实期要求温度不断升高。

2)昼夜温差对花卉生长的影响

昼夜温差大,有利于花卉在白天进行较强的光合作用,制造较多的有机物,而在夜间使呼吸作用减弱,减少有机物的消耗,从而使有机物积累较多,花卉生长较快。一般热带花卉生长时的昼夜温差为 3~6 ℃,温带花卉为 5~7 ℃,沙漠花卉为 10 ℃ 或更高。

3)温度高低对花芽分化的影响

许多花卉的花芽分化是在高温下进行的,如花木类的杜鹃、山茶、梅花、桃花、樱花、紫藤等;球根花卉中的唐菖蒲、晚香玉、美人蕉(春植球根花卉,生长期)、郁金香、风信子(秋植球根花卉,休眠期)等需在 25 ℃ 以上的气温条件下进行花芽分化。许多原产于温带中北部和各地的高山花卉,其花芽分化要求在 20 ℃ 以下较凉爽的气候条件下进行,如绣球、卡特兰、石斛兰、金盏花、雏菊等。

2. 光照

光照是制造营养物质的必要条件。一般来说,光照充足,光合作用旺盛,形成的碳水化合物多,观赏植物体内干物质积累就多,生长发育就健壮。

1)光照强度

(1)花卉对光照强度的需求。

根据观赏植物对光照强度要求的不同,可将其分为以下 3 种。

①阳性植物。只有在全光照条件下才能正常生长发育的植物称为阳性植物。如多数一二年生花卉、宿根花卉、多肉多浆类花卉及木本花卉。大部分观花、观果类花卉均属于阳性植物。

②阴性植物。要求在适度的庇荫或散射光条件下才能正常生长发育,不能忍受阳光强烈直射的植物称为阴性植物。如杜鹃、山茶、龟背竹、万年青等。

③中性植物。中性植物对光照强度的要求介于上述二者之间,如扶桑、凤仙等。

(2)光照强度对花卉的影响。

①影响光合作用。

②引起植株形态解剖上的变化。

③影响开花期。

④影响花色。

一般植物的最适需光量为全日照的 50%~70%,多数植物在 50% 以下的光照条件下生长不良。

2)光照长度

(1)长日照花卉:许多春夏开花的观赏植物属于长日照花卉,如木槿、鸢尾、翠菊等。这类花卉日照越长,发育越快,开花越早。

(2)短日照花卉:如菊花、一品红等,在长日照条件下只能进行营养生长,不能进行花芽分化,入秋后随着日照时数的减少开始进行花芽分化。

(3)中日照花卉:对日照长短的反应不敏感,只要温度适应,一年四季均可开花,如月季、香石竹、扶桑、天竺葵等。

了解和掌握各类观赏植物的光周期特性,可以根据人们的需要,人为地控制开花期。

3. 水分

水是植物体的重要组成部分,也是植物开展生命活动的必要条件。水是花卉进行光合作用的重要原料。土壤中的营养物质,只有溶解于水时才能被吸收利用,植物体内各种生理机能活动也必须在水的参与下才能进行。因此,没有水花卉就不能生存。

1)花卉对水分的要求

(1)不同种类的观赏植物对水分的要求。

①水生植物:如荷花、千屈菜等,这类植物植株体内具有发达的通气组织,适于在水中生长。

②湿生植物:生长在潮湿环境条件下的花卉,如蕨类、海芋等。在栽培管理上应遵循宁湿勿干的原则。

③中生植物:大部分露地花卉属于这一类型,如月季、菊花、牡丹、郁金香等。

④旱生植物:如仙人掌等。

(2)同种观赏植物在不同发育时期对水分的要求。

种子萌发期:需水较多。

幼苗期:保持土壤湿润,无积水。

旺盛生长期:充足供水。

生殖生长期:需水较少。

2)水分对花卉生长发育的影响

(1)影响花芽的分化。水分过多不利于花芽分化,适度干旱可促进花芽分化。

(2)影响花色。适度的水分使植物保持固有的花色且维持时间长,水分亏缺使花色转深,花瓣萎蔫。

4. 土壤

土壤是观赏植物生长的重要基础条件,土壤的性质主要是由土壤矿物质、土壤有机质、土壤温度、水分及土壤微生物、土壤pH值所决定的。这些条件对植物的生长、开花及结实等起着重要的作用。

(1)不同种类的花卉对土壤的要求不同。

土壤是供给植物水分和养料的主要来源。盆栽花卉,因花盆容积有限,只能装少量的土壤,因此对盆土的要求更需讲究。总体来说,盆土要湿润,但又不能积水,既通气透水,又保水保肥。由于盆栽花卉的种类繁多,性状各异,它们对土壤的要求也各不相同。

许多花卉对土壤的酸碱度十分敏感。如杜鹃、山茶花、白兰、茉莉等都要求酸性土壤。当土壤呈碱性时,这些花便枯黄落叶,甚至死亡。在碱性土壤条件下,植物因生理缺铁而产生黄化病,应及时喷施强浓度的硫酸亚铁,必要时应更换盆土。而仙人掌和南天竹等植物,则喜欢碱性土,因此,盆土中应加入一些石灰或稻糠灰等。绣球花在碱性土壤中呈蓝色,而在酸性土壤中则呈红色。还有一些花卉适应性较强,如菊花、石竹、月季、梅花等,在微酸到微碱的土壤中都可以正常生长。

盆土长期浇水以后,会使土壤碱化而板结,因此,每隔两三年,必须更换一次盆土。同一种类植物的不同品种和类型,对土壤酸碱度的要求也不相同。如仙人掌类植物中陆生型的仙人掌、仙人球等,要求排水通气的石灰质碱性土壤,而其附生类型如昙花、令箭荷花等,则要求荫蔽潮湿、排水保水性强的中性或微酸性土壤。常用于配制盆栽土的土壤有腐叶土、泥炭土、针叶土、沼泽土和粪床土,这些都富含腐殖质。堆肥土、黏土、草皮土等则富含矿物质。

具体来说,腐叶土是阔叶树的落叶堆积腐熟而成的,适于盆栽秋海棠、仙客来等。草皮土适于栽培玫瑰、石竹等。针叶土由针叶树的落叶残枝和苔藓类植物堆积腐熟而成,呈强酸性,栽培杜鹃等最为适宜。沼泽土是池沼边缘和干涸沼泽的上层土壤,适量加入河沙,或与其他土壤混合,适宜针叶树、栀子等的栽培。沙质土适宜棕榈、仙人掌类植物生长。泥炭藓、紫萁根和水龙骨根是栽培热带兰、凤梨科、天南星科植物不可缺少的材料。石块、石砾可垫在盆的下面,利于土壤通气排水。一般在栽培时,很少单纯使用一种,通常几种土壤混合配制使用。

(2)同种花卉在不同发育期对土壤的要求不同。

5. 空气

空气中的各种气体对花卉的影响是不同的:一方面,花卉在生长发育过程中需要充足的氧气供给其根系等的呼吸,需要充足的二氧化碳来进行光合作用;另一方面,由于工业的发展,空气中的许多有害气体也影响了花卉的正常生长和发育。

1)氧气

氧气是花卉进行呼吸作用必不可少的。通常大气中氧气的含量为21%,足以供给花卉的呼吸作用。但是,如果土壤过于紧实或表土板结,会影响气体交换而致使土壤中氧气缺乏,老根也无法正常生长。因此,必须加强土壤耕作层的管理,采取增强土壤通透性的技术措施,如改良土壤,经常进行松土、换盆等。

2)二氧化碳

二氧化碳是花卉进行光合作用的必需原料之一。

在新鲜厩肥或堆肥过多的情况下,温室或温床中的二氧化碳含量往往会达到1%~2%,使花卉枝叶和根系的呼吸作用不能正常进行。因此对温室、温床进行通风换气,提高室内温度,改善室内光照条件,经常进行松土、换盆等均可提高花卉光合作用,避免二氧化碳过量造成危害。

(二)花期调控途径、方法

1. 调节温度

1)提高温度

提高温度主要用于促进开花,提供花卉继续生长发育的温度,以便提前开花。特别是在冬春季节,天气寒冷,气温下降,大部分花卉生长变缓。在5℃以下,大部分花卉停止生长,进入休眠状态,部分热带花卉受到冻害。因此,增加温度,阻止花卉进入休眠状态,防止热带花卉受冻害,是促进提早开花的主要措施。如瓜叶菊、牡丹、杜鹃、绣球、金边瑞香等经过加温处理后,都能够将花期提前。牡丹提前在春节开放,主要是采用加温的方法,经过足够低温处理打破休眠的牡丹,在高温下栽培2个多月,即可在春节开花。

2)降低温度

许多秋植球根花卉的种球,在营养生长和球根发育过程中,花芽分化已经完成,但这时把球根从土壤里起出晾干,如不经低温处理,这些种球可能不开花或者开花质量差,难以与经过低温处理的球根相媲美。可以说,秋植球根花卉,除了少数几个种可以不用低温处理就能够正常开花外,绝大多数种类在花芽发育阶段必须经低温处理才能开花。这种低温处理种球的方法,常称为冷藏处理。在进行低温处理时,必须根据球根花卉种类和处理目的,选择最适低温。确定冷藏温度之后,除了在冷藏期间连续保持同一温度外,还要注意放入和取出时逐渐降低温度,或者逐渐提升温度。如果将在 4 ℃低温条件下冷藏了 2 个月的种球取出后立即放到 25 ℃的高温环境中或立即种到高温地里,由于温度条件急剧变化,引起种球内部生理紊乱,会严重影响其开花质量和花期。所以低温处理时,一般要经过 4~7 d 逐步降温(一天降低 3~4 ℃),直至所需低温;在把已经完成低温处理的种球从冷藏库取出之前,也需要经过 3~5 d 的逐步升温过程,才能保证低温处理种球的质量。

一些二年生或多年生草本花卉,花芽的形成需要低温春化,花芽的发育也要求在低温环境中完成,然后在高温环境中开花。对这样的植物,进冷库之前要选择生长健壮、没有病虫危害、已达到需要接受春化作用阶段的植株进行低温处理,否则难以达到预期目的。冷库中的花卉植株,每隔几天要检查一次干湿情况,发现土壤干燥时要适当浇水。花卉在冷库中长时间没有光照,不能进行光合作用,势必会影响植株的生长发育。因此冷库中必须安装照明设备。在冷库中接受低温处理的花卉植株,每天应当给予几小时的光照,尽可能减少长期黑暗给花卉带来的不良影响。初出冷库时,要将植株放在避风、避光、凉爽处,喷些水,使处理后的植株有一个过渡期,然后再逐渐加光照,浇水,精心管理,直至开花。

3)利用高海拔山地

除了用冷库冷藏处理球根类花卉的种球外,在南方的高温地区,建立高海拔(800~1200 m 以上)花卉生产基地,利用暖地高海拔山区的冷凉环境进行花期调控,无疑是一种低成本、易操作、能进行大规模花期调控的理想措施。由于大多数花卉在最适温度范围内,生长发育要求的昼夜温差较大,在这样的温度条件下,花卉生长迅速,病虫危害相对较少,有利于花芽分化、花芽发育以及休眠的打破,为花期调控降低大量的能耗,大大加强了花卉商品的竞争力。大规模的花卉生产企业,都十分重视高海拔花卉生产基地的建设。

4)低温诱导休眠,延缓生长

利用低温诱导休眠的特性,一般用 2~4 ℃的低温冷藏处理球根花卉,大多数球根花卉的种球可长期储藏,推迟花期,在需要开花前取出进行促成栽培,即可达到目的。在低温环境条件下,花卉生长变缓,延长了发育期与花芽成熟过程,也就延迟了花期。

2. 调节光照

1)短日照处理

在长日照季节里,要使长日照花卉延迟开花需要遮光;使短日照花卉提前开花也同样需要遮光。具体的遮光方法是,在日落前开始遮光,一直到次日日出一段时间后为止,用黑布或黑色塑料膜将光遮挡住,在花芽分化和花蕾形成过程中,人为地满足植物所需的日照时数,或者人为地减少植物花芽分化所需要的日照时数。由于遮光处理一般在夏季高温期采用,而短日照植物开花被高温抑制的占多数,在高温下花的品质较差,因此采用短日照处理时,一定要控制暗室内的温度。遮光处理所需要的天数,因植物不同而异。如菊花(秋菊和寒菊)、一品红在 17:00 至第二天上午 8:00,置于黑暗中,一品红经 40 多天处理即能开花;菊花经 50~70 d 才能开花。采用短日照处理的植株要生长健壮,营养生长需达到一定的状态,一般在遮光处理前停施氮肥,增施磷肥、钾肥。

在日照反应上,植物对光强弱的感受程度因植物种类而异,通常植物能够感应 10 lx 以上的光强,而且上部的幼叶对光比下部的老叶敏感,因此遮光的时候上部漏光比下部漏光对花芽的发育影响大。短日照处理时,光期的时间一般控制在 11 h 左右最为适宜。

2)长日照处理

在短日照季节,要使长日照花卉提前开花,就需要加人工辅助光照;要使短日照花卉延迟开花,也需要采取人工辅助光照。长日照处理的方法大致可以分为 3 种。①明期延长法:在日落前或日出前开始补光,延长光照 5～6 h。②暗期中断照明:在半夜用辅助灯光照 1～2 h,以中断暗期,达到调控花期的目的。③终夜照明法:整夜都照明。照明的光强需要达到 100 lx 以上才能完全阻止花芽的分化。

秋菊是对光照时数非常敏感的短日照花卉,在 9 月上旬开始用电灯给予光照,在 11 月上中旬停止人工辅助光照,在春节前,菊花即可开放。利用增加光照或遮光处理措施,可以使菊花在一年之中任何时候都能开花,满足人们周年对菊花切花的需要。

试验中注意到,给大多数短日照花卉延长光照时,荧光灯的效果优于白炽灯;给一些长日照花卉延长光照时,白炽灯效果更好,如宿根霞草的加光。

3)颠倒昼夜处理

有些花卉植物的开花时间在夜晚,给人们的观赏带来很大的不便。例如昙花在晚上开放,从绽开到凋谢最多 3～4 h,所以只有少数人能够观赏到昙花的艳丽风姿。为了改变这种现象,让更多的人能欣赏到昙花开放,可以采取颠倒昼夜的处理方法,把花蕾已长至 6～9 cm 的植株,白天放在暗室中不见光,19:00 至翌日 6:00 用 100 W 的强光给予充足的光照,一般经过 4～5 d 的昼夜颠倒处理后,就能够改变昙花夜间开花的习性,使之白天开花,并可以延长开花时间。

4)遮阴延长开花时间

部分花卉不能适应强烈的太阳光照,特别是在含苞待放之时,用遮阴网进行适当的遮光,或者把植株移到光线较弱的地方,均可延长开花时间。如把盛开的比利时杜鹃暴晒几个小时,就会萎蔫;但放在半阴的环境中,每一朵花和整株植株的开花时间均大大延长。牡丹、月季花、康乃馨等可适应较强光照的花卉,开花期适当遮光,也可使每朵花的观赏期延长 1～3 d。

3. 应用繁殖栽培技术

1)调节播种期

在花卉花期调控措施中,播种期除了指种子的播撒时间外,还包括球根花卉的种植时间及部分花卉的扦插繁殖时间。一二年生花卉大部分是以播种繁殖为主的,用调节播种时间来控制开花时间是比较容易掌握的花期控制技术,关键问题是什么品种的花卉在什么时期播种,从播种至开花需要多少天。这个问题解决了,只要在预期开花时间之前,提前播种即可。如天竺葵从播种到开花需 120～150 d,如果希望天竺葵在春节前(2月中旬)开花,那么,在 9 月上旬开始播种即可。球根花卉的种球大部分是在冷库中储存的,冷藏时间达到花芽完全成熟后或需要打破休眠时,从冷库中取出种球,放到高温环境中进行促成栽培。在较短的时间里,冷藏处理过的种球就会开花,如郁金香、风信子、百合花、唐菖蒲等。从冷库取出种球在高温环境中栽培至开花的天数,是进行球根花卉花期控制所要掌握的重要依据。有一部分草本花卉是以扦插繁殖为主要繁殖手段的,从扦插繁殖开始到扦插苗开花的天数就是需要掌握的花期控制依据,如四季海棠、一串红、菊花等。

2)使用摘心、修剪技术

一串红、天竺葵、金盏花等都可以在开花后修剪,然后再施以水肥,加强管理,使其重新抽枝、发叶、开花。不断地剪除月季花的残花,就可以让月季花不断开花。进行摘心处理还有利于植株整形、多发侧枝。例如菊花一般要摘心3~4次,一串红也要摘心2~3次(最后一次摘心的时间依预定开花期而定),不仅可以控制花期,还能使株形丰满,开花繁茂。

4. 应用植物生长调节物质

植物生长调节物质的使用方式如下。根际施用:例如,用8000 $\mu l/L$ 的矮壮素浇灌唐菖蒲,分别于种植初、种植后第4周及开花前25天进行,可使花量增多,准时开放。叶面喷施:用丁酰肼喷石楠的叶面,可使幼龄植株分化花芽。局部喷施:例如,用100 $\mu l/L$ 的赤霉素喷施花梗部位,能促进花梗生长,从而加速开花。用乙烯利滴于凤梨叶腋或叶面,不久就能分化花芽。

使用植物生长调节物质要注意配制方法及使用注意事项,否则会影响使用效果。如常用的赤霉素溶液,要先用95%的酒精溶解,配成20%的酒精溶液,然后倒入水中,配成所需的浓度。应该指出,植物生长调节物质在生产上的应用效果是多方面的,除了能够诱导花卉植物开花外,它还能使植物矮化、促进扦插条生根、防止落花等。由于植物生长调节物质的种类或浓度不同,可以起到不同的调节效果,因此在使用植物生长调节物质调控花卉的花期时,首先要清楚该物质的作用和施用浓度,才能着手处理。虽然植物生长调节物质使用方便、生产成本低、效果明显,但如果施用不当,不仅不能收到预期的效果,还会造成生产上的损失。

在园林花卉花期调控实际操作中,对一二年生花卉主要是通过栽培措施,如调整播种期、修剪和摘心,并配合对环境中温度、光照、养分和水分的管理实现花期控制。对多年生宿根花卉和花木类植物,如菊花、一品红等,可依据具体情况综合使用上述手段。对球根花卉主要是使用温度处理、栽植期选择、栽培管理相结合的手段实现花期控制。

计划单

学习领域	园林植物生产技术			
学习项目	项目 2	花卉生产技术		
	任务 1	一二年生花卉生产技术（以一串红、矮牵牛为例）	学时	12
计划方式	学生计划、教师引导			

序号	实施步骤	使用资料

制订计划说明	

计划评价	班级		第　　组	组长签名	
	教师签名			日期	
	评语：				

决策单

学习领域		园林植物生产技术		
学习项目	项目 2	花卉生产技术		
	任务 1	一二年生花卉生产技术（以一串红、矮牵牛为例）	学时	12

方案讨论：

	序号	任务耗时	任务耗材	实现功能	实施难度	安全可靠性	环保性	综合评价
方案对比								

方案评价	评语：

班级		组长签名		教师签名		年 月 日

材料工具清单

学习领域	园林植物生产技术				
学习项目	项目 2	花卉生产技术			
	任务 1	一二年生花卉生产技术（以一串红、矮牵牛为例）		学时	12
序号	名称	数量		使用前	使用后

实施单

学习领域		园林植物生产技术		
学习项目	项目2	花卉生产技术		
	任务1	一二年生花卉生产技术（以一串红、矮牵牛为例）	学时	12
实施方式		小组合作、动手实践		

序号	实施步骤	使用资源

实施说明	

班级		第 组	组长签名	
教师签名		日期		

作业单

学习领域		园林植物生产技术		
学习项目	项目2	花卉生产技术		
	任务1	一二年生花卉生产技术(以一串红、矮牵牛为例)	学时	12
作业方式		资料查阅、现场操作		
1	简述一二年生花卉(一串红、矮牵牛)的生长特点。			
作业解答				
2	一二年生花卉(一串红、矮牵牛)所采用的育苗方式的具体操作步骤如何?			
作业解答				
3	一二年生花卉(一串红、矮牵牛)的栽植步骤及注意事项有哪些?			
作业解答				
4	一二年生花卉(一串红、矮牵牛)养护管理的内容主要包括哪些?			
作业解答				
作业评价	学号		姓名	
	班级		第 组	组长签名
	教师签名		教师评分	
	评语:			

检查单

学习领域		园林植物生产技术		
学习项目	项目2	花卉生产技术		
	任务1	一二年生花卉生产技术（以一串红、矮牵牛为例）	学时	12
序号	检查项目	检查标准	学生自查	教师检查
1	资讯问题	回答认真准确		
2	一二年生花卉（一串红、矮牵牛）育苗技术	正确合理		
3	育苗成果	操作正确熟练		
4	栽培过程及注意事项	梳理完整规范		
5	养护工作	方案编写全面合理		
6	团队协作	小组成员分工明确、积极参与		
7	所用时间	在规定时间内完成布置的任务		
检查评价	班级		第　　组	组长签名
	教师签名		教师评分	
	评语：			

评价单

学习领域	园林植物生产技术			
学习项目	项目2	花卉生产技术		
	任务1	一二年生花卉生产技术（以一串红、矮牵牛为例）	学时	12

项目类别	检查项目	学生自评	组内互评	教师评价
专业能力（60%）	资讯(10%)			
	计划(10%)			
	实施(15%)			
	检查(10%)			
	过程(5%)			
	结果(10%)			
社会能力（20%）	团队协作(10%)			
	敬业精神(10%)			
方法能力（20%）	计划能力(10%)			
	决策能力(10%)			

检查评价	班级		第　组	组长签名	
	教师签名			教师评分	
	评语：				

教学反馈单

学习领域		园林植物生产技术			
学习项目	项目2	花卉生产技术			
	任务1	一二年生花卉生产技术（以一串红、矮牵牛为例）	学时	12	
序号	调查内容		是	否	理由陈述
1	你是否明确本学习任务的学习目标?				
2	你是否完成本学习任务?				
3	你是否达到了本学习任务对学生的要求?				
4	资讯的问题,你是否都能回答?				
5	你是否熟悉一二年生花卉的生长发育规律?				
6	你是否能正确进行花卉播种育苗?				
7	你是否掌握了花卉扦插育苗技术?				
8	你是否熟悉其他育苗方法?				
9	你是否熟悉一二年生花卉栽植技术?				
10	你是否熟悉一二年生花卉养护的内容?				
11	你是否独立完成了一二年生花卉养护方案的编写?				
12	你是否喜欢这种上课方式?				
13	通过几天的工作学习,你对自己的表现是否满意?				
14	你对本小组成员之间的合作是否满意?				
15	你认为还应学习哪些方面的内容?（请在下方意见栏中填写）				
16	学习本学习任务后,你还有哪些问题不明白? 哪些问题需要解决?（请在下方意见栏中填写）				
你的意见对改进教学非常重要,请写出你的意见与建议。					
被调查人签名			调查时间		

任务 2 宿根花卉生产技术

任务单

学习领域		园林植物生产技术		
学习项目	项目 2	花卉生产技术		
	任务 2	宿根花卉生产技术(以菊花为例)	学时	16
		布置任务		
学习目标	(1)掌握宿根花卉生长规律,熟悉其各生长阶段的特性及需求。 (2)熟悉宿根花卉的苗圃地准备、育苗技术、栽培技术、养护技术。 ①学会运用播种繁殖技术培育实生苗; ②能够利用扦插技术培育扦插苗; ③学会进行嫁接繁殖; ④学会对实生苗、营养繁殖苗进行养护管理。 (3)了解宿根花卉的园林应用形式。			
任务描述	1. 工作任务:宿根花卉的生产、栽植、养护  			

2. 完成工作任务需要学习以下主要内容
(1)熟悉宿根花卉生长发育规律;
(2)确定菊花繁殖可以采用哪些方式;
(3)掌握宿根花卉栽植的过程及注意事项;
(4)熟悉宿根花卉养护管理的内容。

学时安排	资讯 5,计划 2,决策 2,实施 5,检查 1,评价 1。
提供资料	(1)秦贺兰主编的《菊花周年生产技术》(中原农民出版社 2016 年出版); (2)张树宝、王淑珍主编的《花卉生产技术(第 3 版)》(重庆大学出版社 2013 年出版); (3)陈春利、王明珍主编的《花卉生产技术》(机械工业出版社 2013 年出版); (4)周淑香、李传仁主编的《花卉生产技术》(机械工业出版社 2013 年出版); (5)杨云燕、陈予新主编的《花卉生产技术》(中国农业大学出版社 2014 年出版)。
对学生的要求	**1. 知识技能要求** (1)熟悉宿根花卉各阶段生长发育的特性; (2)列出宿根花卉播种繁殖的操作步骤,学会播种繁殖; (3)列出宿根花卉扦插繁殖的操作步骤,学会扦插繁殖; (4)学会对宿根花卉进行养护管理,列出养护管理的具体内容; (5)本任务结束时应上交 2 种不同繁殖方法的操作方案,以及相应的栽植、养护、管理方案。要按时、按要求完成。 **2. 生产安全要求** 严格遵守操作规程,注意自身安全。 **3. 职业行为要求** (1)着装整齐; (2)遵守课堂纪律; (3)具有团队合作精神; (4)按时清洁、归还工具。

资讯单

学习领域	园林植物生产技术		
学习项目	项目2	花卉生产技术	
	任务2	宿根花卉生产技术（以菊花为例）	学时　16
资讯方式	学生自主学习、教师引导		
资讯问题	（1）宿根花卉的生命周期中，各阶段有哪些特点？ （2）宿根花卉的生长有哪些特殊要求？ （3）宿根花卉播种繁殖应如何进行？如何提高其发芽率？ （4）宿根花卉能否用扦插繁殖？如何进行扦插繁殖？ （5）宿根花卉嫁接应如何进行？主要嫁接方式有哪些？应如何选择砧木？ （6）对于宿根花卉，选择2种繁殖率高的方式，撰写操作步骤，并进行实践操作，完成作品。 （7）营养苗应如何进行栽培管理？阐述其栽培管理的技术要点。 （8）宿根花卉应如何进行移植？阐述其具体操作过程。 （9）宿根花卉养护管理的具体内容有哪些？		
资讯引导	（1）宿根花卉的生长规律参阅秦贺兰主编的《菊花周年生产技术》（中原农民出版社2016年出版）； （2）宿根花卉的各种繁殖方法，播种、扦插、嫁接、压条等具体操作方法参阅周淑香、李传仁主编的《花卉生产技术》（机械工业出版社2013年出版）； （3）宿根花卉的栽植及养护管理内容参阅杨云燕、陈予新主编的《花卉生产技术》（中国农业大学出版社2014年出版）； （4）各种繁殖方法及栽植过程，参见相关网络视频。		

信息单

学习领域	园林植物生产技术			
学习项目	项目 2	花卉生产技术		
	任务 2	宿根花卉生产技术（以菊花为例）	学时	16
资讯方式	学生自主学习、教师引导			
信息内容				

一、宿根花卉概述

1. 概念

宿根花卉原产于温热带，冬季地上茎、叶枯死，而保留地下根和芽，宿存越冬。

2. 特点

(1) 除原产于热带的不耐寒的种类外，大都能露地越冬，栽种一次，可维持几年至几十年，管理简单、粗放，应大力发展。

(2) 有的花期极早，在冰雪下可抽茎开花，如金盏花、白头翁，耐干旱，适应能力强。有的开花极迟，如野菊，经数次轻霜，仍可保持艳丽的色彩。

(3) 观赏价值较高，有的可食用、入药。

3. 繁殖

一般采用下述 3 种方法繁殖。

① 分株繁殖：春天开花的秋季分株，如芍药、荷包牡丹等。秋季开花的春季分株，如菊花等。有利于生根、缓苗，当年就可开花。

② 扦插繁殖：如菊花用脚芽扦插（2—3 月），其他种类的在 4—8 月都可扦插。

③ 嫁接繁殖：只有菊花用此方法繁殖，将多色菊芽接在蒿子上做成菊树。

二、宿根花卉露地栽植技术

（一）土壤的选择和管理

1. 土壤的选择

土壤为植物提供水分、空气、营养，是植物的固着体。土壤的深度、肥沃度、质地与构造等，都会影响到花卉根系的生长与分布。壤土是最好的园土。沙土和黏土可通过加入有机质和沙土进行改良。可加入的有机质包括堆肥、厩肥、锯末、腐叶、泥炭等。多数花卉喜中性或微酸性土，即 pH 值为 6~7。杜鹃花、山茶花、兰花、绣球花等是特别喜欢酸性土壤（pH 值为 4.5~5.5）的植物。土壤过酸可加入适量的石灰、草木灰，偏碱宜加入适量的硫酸亚铁来调整。

2. 整地作畦

整地的作用如下。

(1) 改进土壤物理性质，使水分、空气流通良好，种子发芽顺利，根系易于伸展。

(2) 保肥、保水，使土壤松软，有利于土壤水分的保持，有利于可溶性养分含量的增加。

(3)预防病虫害,可将土壤中的病菌、害虫等翻于表层,暴露于空气中,经日光与严寒等灭杀之。

整地深度根据花卉种类及土壤情况而定。宿根花卉宜深,40～50 cm。

花卉栽培都用畦栽方式,常用高畦与低畦两种方式。南方多用高畦,北方则多用低畦。

(二)间苗

间苗的作用:扩大幼苗的营养面积;防治病虫害发生;选留强健苗;去除杂草和混杂在其间的其他种或品种的幼苗。

(三)移植

移植的作用:扩大幼苗的营养面积;切断主根,促进侧根发生;抑制徒长。

定植:幼苗栽植后不再移植。

假植:栽植后经一定时期的生长,还要再行移植。此外,苗株起苗后到栽植前,为防止根系干燥,配上湿润土壤暂时放置,习惯上亦称为假植。

移植方法分裸根移植和带土移植,在无风的阴天移植最为理想;天气炎热则需于午后或傍晚日照不强烈时进行。

起苗应该在土壤湿润的状态下进行,以使湿润的土壤附在根群上,同时避免掘苗时根系受伤。可摘除一部分叶片以减少蒸腾,保持水分的平衡。

栽植方法可以分为沟植法和穴植法。沟植法是依一定的株行距开沟栽植,穴植法是依一定的株行距掘穴或以移植器打孔栽植。移植后数日需遮光,以利幼苗的恢复生长。

三、宿根花卉养护管理

宿根花卉生长强健,根系较一二年生花卉强大,入土较深,抗旱及适应不良环境的能力强,一次栽植后可多年持续开花。

在栽植时应深翻土壤,并大量施入有机质肥料,以保持较长时期的良好土壤条件。宿根花卉需排水良好的土壤。此外,不同生长期的宿根花卉对土壤的要求也有差异,一般在幼苗期间喜腐殖质丰富的疏松土壤,而在第二年以后则以黏质壤土为佳。

宿根花卉种类繁多,可根据不同类别采用不同的繁殖方法。凡结实良好,播种后1～2年即可开花的种类,如蜀葵、桔梗、耧斗菜、除虫菊等,常用播种繁殖。繁殖期依不同种类而定,夏秋开花、冬季休眠的种类进行春播;春季开花、夏季休眠的种类进行秋播。有些种类,如菊花、芍药、玉簪、铃兰、鸢尾等,常开花不结实或结实很少,而植株的萌蘖力很强;还有些种类,尽管能开花生产种子,但种子繁殖需较长的时间方能完成,对这些种类均采用分株法进行繁殖。分株的时间依花期及耐寒力而定。春季开花且耐寒力较强的可于秋季分株,而石菖蒲等则春秋两季均可进行。还有一些种类,如香石竹、菊花等,常可采用茎段扦插的方法进行繁殖。

宿根花卉在育苗期间应注意采取灌水、施肥、中耕除草等养护管理措施,但在定植后,一般管理比较简单。为使生长茂盛、花多、花大,最好在春季新芽抽出时施以追肥,花前和花后再各施追肥1次。秋季叶枯时,可在植株四周施以腐熟的厩肥或堆肥。

宿根花卉种类繁多,对土壤和环境的适应能力存在着较大的差异。有些种类喜黏性土,而有些则喜沙壤土。有些种类需阳光充足的环境方能生长良好,而有些种类则耐阴湿。在栽植宿根花卉的时候,应据不同的栽植地点选择相应的宿根花卉种类,在墙边、路边栽植,可选择那些适应性强、易发枝、易开花的种类,如萱草、射干、鸢尾等;而在广场中央、公园入口处的花坛、花境中,可选喜阳光充足,且花大、色艳的种类,如菊花、芍药、楼斗菜等;玉簪等可种植在林下、疏林草坪等地;蜀葵、桔梗等则可种在路边、沟边以装饰环境。

宿根花卉一经定植以后连续开花,为保证其株形丰满,达到连年开花的目的,还要根据不同类别采取不同的修剪手段。移植时,为使根系与地上部分达到平衡,抑制地上部分枝叶徒长,促使花芽形成,可根据具体情况剪去地上或地下的一部分。对于多年开花、植株生长过于高大、下部明显空虚的应进行摘心。有时为了促使侧枝数目增加、多开花,也会进行摘心,如香石竹、菊花等。一般来说,摘心对植物的生长发育有一定的抑制作用,因此,对一株花卉来说,摘心次数不能过多,并不可和上盆、换盆同时进行。摘心一般仅摘生长点部分,有时可带几片嫩叶,摘心量不可过大。

四、宿根花卉花期调控

宿根花卉有不同的开花机制,一般来说,宿根花卉花期调控需要考虑光周期(日照长短)、春化(低温)。理解宿根花卉特殊的开花机制是促进宿根花卉生产成功最重要的因素之一。

光周期(日照长短):宿根花卉经常需要调整光周期以刺激开花。长日照宿根花卉开花需14 h或更长日照,中日照宿根花卉无论日照长短都开花,但某些种或品种在长日照时开花更多。短日照宿根花卉开花则需短日照(一般低于12 h)。长日照宿根花卉能在其非自然开花季节通过人工补光刺激开花。一个简单易行的人工创造长日照的方法是夜间补光,从夜间22:00到次日凌晨2:00补充4 h光照(事实上是缩短夜晚刺激长日照植物开花)。采用照明度50～100 lx的白炽光即可。补光有时会导致徒长,特别是用白炽光时。因此一旦出现花蕾就关掉光源。

春化(低温):成功春化有3个关键要素,缺一不可。①准备春化的植株必须充分成熟;②适宜的低温(一般不能高于3 ℃);③适当的低温处理时间(一般6至10周)。

植株未成熟的宿根花卉低温处理效果很糟,一般低温处理前至少保证2个月的营养生长期,对于德国Benary公司推出的快车道(不需低温即能完成花芽分化过程)品种,可以不经过春化,但春化能明显缩短移植后的开花时间和促使花期统一。

具体其他的调控技术参照一二年生花卉中的花期提前或延后技术。

计 划 单

学习领域		园林植物生产技术		
学习项目	项目 2	花卉生产技术		
	任务 2	宿根花卉生产技术（以菊花为例）	学时	16
计划方式		学生计划、教师引导		

序号	实施步骤	使用资料

制订计划说明	

计划评价	班级		第　　组	组长签名	
	教师签名			日期	
	评语：				

决策单

学习领域	园林植物生产技术			
学习项目	项目2	花卉生产技术		
	任务2	宿根花卉生产技术（以菊花为例）	学时	16

方案讨论：

	序号	任务耗时	任务耗材	实现功能	实施难度	安全可靠性	环保性	综合评价
方案对比								

方案评价	评语：

班级		组长签名		教师签名		年 月 日

材料工具清单

学习领域	园林植物生产技术				
学习项目	项目2	花卉生产技术			
	任务2	宿根花卉生产技术（以菊花为例）	学时	16	
序号	名称	数量	使用前	使用后	

实施单

学习领域	园林植物生产技术			
学习项目	项目 2	花卉生产技术		
	任务 2	宿根花卉生产技术（以菊花为例）	学时	16
实施方式	小组合作、动手实践			

序号	实施步骤	使用资源

实施说明	

班级		第　　组	组长签名	

教师签名			日期	

作业单

学习领域		园林植物生产技术		
学习项目	项目2	花卉生产技术		
	任务2	宿根花卉生产技术（以菊花为例）	学时	16
作业方式		资料查阅、现场操作		
1	简述宿根花卉的生长特点。			
作业解答				
2	宿根花卉(菊花)所采用的育苗方式具体操作步骤如何？			
作业解答				
3	宿根花卉(菊花)的栽植步骤及注意事项有哪些？			
作业解答				
4	宿根花卉(菊花)养护管理的内容主要包括哪些？			
作业解答				
作业评价	学号		姓名	
	班级		第　组	组长签名
	教师签名		教师评分	
	评语：			

检查单

学习领域		园林植物生产技术		
学习项目	项目2	花卉生产技术		
	任务2	宿根花卉生产技术(以菊花为例)	学时	16
序号	检查项目	检查标准	学生自查	教师检查
1	资讯问题	回答认真准确		
2	宿根花卉生产技术（以菊花为例）	正确合理		
3	育苗成果	操作正确熟练		
4	栽培过程及注意事项	梳理完整规范		
5	养护工作	工作月历编写全面合理		
6	团队协作	小组成员分工明确、积极参与		
7	所用时间	在规定时间内完成布置的任务		

检查评价	班级		第　　组	组长签名	
	教师签名			教师评分	
	评语：				

评价单

学习领域		园林植物生产技术		
学习项目	项目 2	花卉生产技术		
	任务 2	宿根花卉生产技术（以菊花为例）	学时	16
项目类别	检查项目	学生自评	组内互评	教师评价
专业能力（60%）	资讯(10%)			
	计划(10%)			
	实施(15%)			
	检查(10%)			
	过程(5%)			
	结果(10%)			
社会能力（20%）	团队协作(10%)			
	敬业精神(10%)			
方法能力（20%）	计划能力(10%)			
	决策能力(10%)			
检查评价	班级		第　　组	组长签名	
	教师签名		教师评分		
	评语：				

教学反馈单

学习领域		园林植物生产技术		
学习项目	项目2	花卉生产技术		
	任务2	宿根花卉生产技术（以菊花为例）	学时	16
序号	调查内容	是	否	理由陈述
1	你是否明确本学习任务的学习目标？			
2	你是否完成本学习任务？			
3	你是否达到了本学习任务对学生的要求？			
4	资讯的问题，你是否都能回答？			
5	你是否熟悉宿根花卉的生长发育规律？			
6	你是否能正确进行播种育苗？			
7	你是否掌握了扦插育苗技术？			
8	你是否熟悉嫁接的各种方法？			
9	你是否熟悉宿根花卉栽植技术？			
10	你是否熟悉宿根花卉养护的内容？			
11	你是否独立完成了宿根花卉养护方案的编写？			
12	你是否喜欢这种上课方式？			
13	通过几天的工作学习，你对自己的表现是否满意？			
14	你对本小组成员之间的合作是否满意？			
15	你认为本学习任务还应学习哪些方面的内容？（请在下方意见栏中填写）			
16	学习本学习任务后，你还有哪些问题不明白？哪些问题需要解决？（请在下方意见栏中填写）			
你的意见对改进教学非常重要，请写出你的意见与建议。				
被调查人签名			调查时间	

任务 3 球根花卉生产技术

任务单

学习领域	园林植物生产技术			
学习项目	项目 2	花卉生产技术		
	任务 3	球根花卉生产技术(以百合、水仙为例)	学时	15
布置任务				
学习目标	(1)掌握球根花卉生长规律,熟悉其各生长阶段的特性及需求。 (2)熟悉球根花卉的苗圃地准备、育苗技术、栽培技术、养护技术。 ①学会运用播种繁殖技术培育实生苗; ②能够利用扦插技术培育扦插苗; ③学会进行分株繁殖; ④学会对实生苗、营养繁殖苗进行养护管理。 (3)了解球根花卉的园林应用形式。			
任务描述	1. 工作任务:球根花卉的生产、栽植、养护 朱顶红 40~60 cm；阳光葱 25~30 cm, 10~15 cm；葡萄风信子 15~20 cm, 8~10 cm；银莲花 10~15 cm, 3~5 cm；番红花 10~12 cm, 5~8 cm；风信子 20~30 cm, 10~15 cm；雪滴花 10~15 cm, 8 cm；郁金香 50~60 cm, 12~15 cm；小水仙 12~18 cm, 8~10 cm；洋水仙 35~40 cm, 10~15 cm；皇冠贝母 80~100 cm, 20~25 cm ①			

②

③

2.完成工作任务需要学习以下主要内容

(1)熟悉球根花卉生长发育规律；

(2)确定水仙、百合繁殖可以采用哪些方式；

(3)掌握球根花卉栽植的过程及注意事项；

(4)熟悉球根花卉养护管理的内容。

学时安排	资讯2,计划2,决策2,实施5,检查3,评价1。
提供资料	(1)郭志刚主编的《球根类》(中国林业出版社2001年出版)； (2)秦涛主编的《花卉生产技术》(重庆大学出版社2016年出版)； (3)张树宝、王淑珍主编的《花卉生产技术(第3版)》(重庆大学出版社2013年出版)；

	(4)陈春利、王明珍主编的《花卉生产技术》(机械工业出版社2013年出版); (5)周淑香、李传仁主编的《花卉生产技术》(机械工业出版社2013年出版); (6)杨云燕、陈予新主编的《花卉生产技术》(中国农业大学出版社2014年出版)。
对学生的要求	1. 知识技能要求 (1)熟悉球根花卉各阶段生长发育的特性; (2)列出球根花卉播种繁殖的操作步骤,学会播种繁殖; (3)列出球根花卉扦插繁殖的操作步骤,学会扦插繁殖; (4)列出球根花卉分株繁殖的操作步骤,学会分株繁殖; (5)学会对球根花卉进行养护管理,列出养护管理的具体内容; (6)本任务结束时需完成2种不同繁殖方法的操作方案,以及相应的栽植、养护、管理方案。要按时、按要求完成。 2. 生产安全要求 严格遵守操作规程,注意自身安全。 3. 职业行为要求 (1)着装整齐; (2)遵守课堂纪律; (3)具有团队合作精神; (4)按时清洁、归还工具。

资讯单

学习领域	园林植物生产技术			
学习项目	项目 2	花卉生产技术		
	任务 3	球根花卉生产技术（以百合、水仙为例）	学时	15
资讯方式	学生自主学习、教师引导			
资讯问题	(1)球根花卉的生命周期中,各阶段有哪些特点？ (2)球根花卉生长有哪些特殊的要求？ (3)球根花卉播种繁殖应如何进行？如何提高其发芽率？ (4)球根花卉能否用扦插繁殖？如何进行扦插繁殖？ (5)球根花卉分株应如何进行？主要嫁接方式有哪些？应如何选择砧木？ (6)对于球根花卉,选择 2 种繁殖率高的方式,撰写操作步骤,并进行实践操作,完成作品。 (7)营养繁殖苗应如何进行栽培管理？阐述其栽培管理的技术要点。 (8)球根花卉应如何进行移植？阐述其具体操作过程。 (9)球根花卉养护管理的具体内容有哪些？			
资讯引导	(1)球根花卉的生长规律参阅潘利主编的《园林植物栽培与养护》(机械工业出版社 2015 年出版); (2)球根花卉的各种繁殖方法,播种、扦插、嫁接、压条等具体操作方法参阅成海钟、陈立人主编的《园林植物栽培与养护》(中国农业出版社 2015 年出版); (3)球根花卉的栽植及养护管理内容参阅龚维红主编的《园林植物栽培与养护》(中国建材工业出版社 2012 年出版)与魏岩主编的《园林植物栽培与养护》(中国科学技术出版社 2003 年出版); (4)各种繁殖方法及栽植过程,参见相关网络视频。			

信息单

学习领域		园林植物生产技术		
学习项目	项目 2	花卉生产技术		
	任务 3	球根花卉生产技术（以百合、水仙为例）	学时	15
资讯方式		学生自主学习、教师引导		
信息内容				

一、球根花卉概述

1. 定义

在多年生花卉中，地下根或地下茎已变态为膨大的根或茎，以其储藏水分、营养度过休眠期的花卉，称为球根花卉。

2. 种类

球根花卉种类丰富，如单子叶的百合、唐菖蒲、郁金香、美人蕉、晚香玉、水仙等，双子叶的大丽花等。

全世界栽培的球根花卉有数百种，其中属单子叶植物的约 10 个科；属双子叶植物的约 8 个科。按地下部分的器官形态，可分为下列几种。

鳞茎类：地下茎由肥厚多肉的叶变形体即鳞片抱合而成，鳞片生于茎盘上，茎盘上鳞片发生腋芽，腋芽成长肥大便成为新的鳞茎。鳞茎又可以分为有皮鳞茎和无皮鳞茎两类，有皮鳞茎类球根花卉有水仙、郁金香、朱顶红、风信子、文殊兰、百子莲、石蒜等，无皮鳞茎类球根花卉有百合、贝母等。

球茎类：地下茎呈实心球状或扁球形，有明显的环状茎节，节上有侧芽，外被膜质鞘，顶芽发达。细根生于球基部，开花前后发生粗大的牵引根，除支持地上部外，还能使母球上着生的新球不露出地面。这类球根花卉有唐菖蒲、香雪兰、番红花、秋水仙、观音兰、虎眼万年青等。

块茎类：地下茎或地上茎膨大，呈不规则实心块状或球状，表面无环状节痕，根系自块茎底部发生，顶端有几个发芽点，这类球根花卉有白头翁、五彩芋、马蹄莲、仙客来、大岩桐、球根秋海棠、花毛茛等。

根茎类：地下茎肥大，呈根状，上面具有明显的节和节间。节上有小而退化的鳞片叶，叶腋有腋芽，尤以根茎顶端侧芽较多，由此发育为地上枝，并产生不定根。这类球根花卉有美人蕉、荷花、姜花、睡莲、鸢尾、六出花等。

块根类：由不定根或侧根膨大形成。休眠芽着生在根颈附近，由此萌发新梢，新根伸长后下部又生成新块根。分株繁殖时，必须附有块根末端的根颈。这类球根花卉有大丽花等。

二、球根花卉露地栽植技术

球根花卉的露地栽植技术可参照项目 2 任务 2 中宿根花卉的露地栽植技术。

三、球根花卉养护管理

(一) 采收

球根花卉停止生长后叶片呈现萎黄时,即可采收球茎。采收要适时,过早球根不充实;过晚地上部分枯落,采收时易遗漏子球,以叶变黄 1/2～2/3 时为采收适期。采收应选晴天、土壤湿度适当时进行。采收中要防止人为的品种混杂,并剔除病球、伤球。掘出的球根,去掉附土,表面晾干后贮藏。在贮藏中对通风要求不高,但对需保持适宜湿度的种类,如美人蕉、大丽花等多混入湿润沙土堆藏;对要求通风干燥贮藏的种类,如唐菖蒲、郁金香、水仙及风信子等,宜摊放于底为粗铁丝网的球根贮藏箱内。

(二) 贮藏

球根贮藏是球根成熟采掘后,放置室内并给予一定条件以利其适时栽植或出售的措施和过程,球根贮藏可分为自然贮藏和调控贮藏两种类型。自然贮藏指贮藏期间,对环境不加人工调控措施,使球根在常规室内环境中度过休眠期。在商品球出售前的休眠期或用于正常花期生产切花的球根,多采用自然贮藏。调控贮藏是在贮藏期运用人工调控措施,以达到控制休眠、促进花芽分化、提高成花率以及抑制病虫害等目的。常用的措施是药物处理、温度调节和气调(气体成分调节)等,以调控球根的生理过程。如郁金香若在自然条件下贮藏,则一般 10 月栽种,翌年 4 月才能开花。运用低温贮藏(17 ℃经 3 个星期,然后 5 ℃经 10 个星期),即可促进花芽分化,将秋季至春季前的露地越冬过程,提早到贮藏期来完成,使郁金香可在栽后 50～60 d 开花。这样做不仅缩短了栽培时间,并能与其他措施相结合,设法达到周年供花的目的。

球根的调控贮藏,可提高成花率与球根品质,还能催延花期,故已成为球根花卉经营的重要措施。如对中国水仙的气调贮藏,须在相对黑暗的贮藏环境下适当提高室温,并配合乙烯处理,就能使每球花葶平均数提高一倍以上,从而成为"多花水仙"。

各类球根的贮藏条件和方法,常因种和品种而有差异,又与贮藏目的有关。对通风要求不高而需保持一定湿度的球根,如美人蕉、百合、大丽花等,可埋藏在保有一定湿度的干净沙土或锯木屑中;贮藏时需要相对干燥的球根,可采用空气流通的贮藏架分层堆放,如水仙、郁金香、唐菖蒲等。调控贮藏更需根据不同目的,分别处理,如荷兰鸢尾在 8 月份每天熏烟 8～10 h,连续处理 7 d,可收成花率提高一倍之效。收获后的香雪兰,在 30 ℃条件下贮藏 4 个星期,再用木柴、鲜草焚烧,释放出乙烯气进行熏烟处理 3～6 h,便可有明显促进发芽的作用。麝香百合收获后用 47.5 ℃的热水处理半小时,不仅可以促进发芽,还对线虫、根锈螨和花叶病有良好防治效果。

四、球根花卉花期调控

球根花卉种类较多,但不论是春植球根花卉还是秋植球根花卉,它们的花芽分化大都是在高温季节进行的。球根花卉由于原产地气候条件不同,因而不同种类对温度的要求是不一样的,但多数球根花卉都属于中日照植物,成花时对光周期无特殊要求,只有少数花卉,如唐菖蒲、晚香玉等是长日照花卉。

球根花卉的花芽分化分为两种类型：一种类型是花芽分化在地上部叶片生长之前就已完成；另一种类型是花芽分化在叶片生长后期才进行。

秋植球根花卉多数属于前一种类型，其花芽分化最适温度为 17～18 ℃，若温度超过 20 ℃，就不利于花芽分化。水仙、郁金香等开花时所需的温度要比花芽分化的温度低，因此这类宿根花卉在夏秋间花芽分化结束，须等到翌年早春才开花。多数春植球根花卉及一部分秋植球根花卉属于后一种类型，如唐菖蒲、晚香玉、百合、美人蕉等。唐菖蒲花芽分化的温度要求在 10 ℃ 以上。

调控球根花卉花期常采用的措施如下。

(1)选择品种、分期播种、控制适温、补充光照。这种方法用于调控唐菖蒲花期，可基本上做到常年开花。美人蕉选择矮型早花种，在 11 月中下旬栽于温床内加温催芽，翌春定植于露地，可提早至 5 月初开花；若选择晚花种，可在 3 月上中旬于冷床内催芽，晚霜结束后定植于露地，花期可延迟到 10 月底。大丽花选择适宜品种也可分期开花。

(2)孕蕾期控制温度。通过温度控制，可使已经孕蕾的球根花卉提前或推迟开花，也可使正在开花的植株延长花期。水仙、郁金香、百合等鳞茎类球根花卉均可用此法调节花期。因为这类球根花卉的花芽已在鳞茎内形成，为促使其提早开花，一般只要在栽种鳞茎后提供花梗抽生的适温，即可开花。

(3)打破球根休眠期。球根花卉具有休眠期，春植球根花卉冬季休眠；秋植球根花卉夏季休眠，因此种球的萌发，需要经过一个休眠期结束或打破的阶段。打破休眠，通常采用低温或高温处理，也可采用激素处理。

(4)延长球根休眠期。一般利用低温、干燥和应用激素等方法，使贮藏器官休眠期延长，便可使其开花推迟。

计划单

学习领域	园林植物生产技术		
学习项目	项目2	花卉生产技术	
	任务3	球根花卉生产技术（以百合、水仙为例）	学时	15
计划方式	学生计划、教师引导		

序号	实施步骤	使用资料

制订计划说明	

计划评价	班级		第 组	组长签名	
	教师签名		日期		
	评语：				

决策单

学习领域			园林植物生产技术				
学习项目	项目2		花卉生产技术				
	任务3		球根花卉生产技术(以百合、水仙为例)			学时	15

方案讨论：

	序号	任务耗时	任务耗材	实现功能	实施难度	安全可靠性	环保性	综合评价
方案对比								

方案评价	评语：

班级		组长签名		教师签名		年 月 日

材料工具清单

学习领域	\multicolumn{4}{c}{园林植物生产技术}				
学习项目	项目2	\multicolumn{4}{c}{花卉生产技术}			
	任务3	球根花卉生产技术（以百合、水仙为例）		学时	15
序号	名称		数量	使用前	使用后

实施单

学习领域	园林植物生产技术			
学习项目	项目2	花卉生产技术		
	任务3	球根花卉生产技术(以百合、水仙为例)	学时	15
实施方式	小组合作、动手实践			

序号	实施步骤	使用资源

实施说明	

班级		第　　组	组长签名	
教师签名			日期	

作业单

学习领域	园林植物生产技术			
学习项目	项目2	花卉生产技术		
	任务3	球根花卉生产技术（以百合、水仙为例）	学时	15
作业方式	资料查阅、现场操作			
1	球根花卉生长的特点有哪些？			
作业解答				
2	球根花卉所采用的育苗方式具体操作步骤如何？			
作业解答				
3	球根花卉栽植步骤及注意事项有哪些？			
作业解答				
4	球根花卉养护管理的内容主要包括哪些？			
作业解答				
作业评价	学号		姓名	
	班级		第　组	组长签名
	教师签名		教师评分	
	评语：			

检查单

学习领域		园林植物生产技术		
学习项目	项目2	花卉生产技术		
	任务3	球根花卉生产技术（以百合、水仙为例）	学时	15
序号	检查项目	检查标准	学生自查	教师检查
1	资讯问题	回答认真准确		
2	球根花卉生产技术	正确合理		
3	育苗成果	操作正确熟练		
4	栽培过程及注意事项	梳理完整规范		
5	养护工作	工作月历编写全面合理		
6	团队协作	小组成员分工明确、积极参与		
7	所用时间	在规定时间内完成布置的任务		
检查评价	班级		第 组	组长签名
	教师签名		教师评分	
	评语：			

评价单

学习领域		园林植物生产技术		
学习项目	项目2	花卉生产技术		
	任务3	球根花卉生产技术（以百合、水仙为例）	学时	15
项目类别	检查项目		学生自评	组内互评	教师评价

项目类别	检查项目	学生自评	组内互评	教师评价
专业能力（60%）	资讯（10%）			
	计划（10%）			
	实施（15%）			
	检查（10%）			
	过程（5%）			
	结果（10%）			
社会能力（20%）	团队协作（10%）			
	敬业精神（10%）			
方法能力（20%）	计划能力（10%）			
	决策能力（10%）			
检查评价	班级		第　　组	组长签名	
	教师签名			教师评分	
	评语：				

教学反馈单

学习领域		园林植物生产技术			
学习项目	项目 2	花卉生产技术			
	任务 3	球根花卉生产技术（以百合、水仙为例）	学时		15
序号	调查内容		是	否	理由陈述
1	你是否明确本学习任务的学习目标？				
2	你是否完成本学习任务？				
3	你是否达到了本学习任务对学生的要求？				
4	资讯的问题，你是否都能回答？				
5	你是否熟悉球根花卉的生长发育规律？				
6	你是否能正确进行播种育苗？				
7	你是否掌握了扦插育苗技术？				
8	你是否熟悉嫁接的各种方法？				
9	你是否熟悉球根花卉栽植技术？				
10	你是否熟悉球根花卉养护的内容？				
11	你是否独立完成了球根花卉养护的工作月历的编写？				
12	你是否喜欢这种上课方式？				
13	通过几天的工作学习，你对自己的表现是否满意？				
14	你对本小组成员之间的合作是否满意？				
15	你认为本学习任务还应学习哪些方面的内容？（请在下方意见栏中填写）				
16	学习本学习任务后，你还有哪些问题不明白？哪些问题需要解决？（请在下方意见栏中填写）				
你的意见对改进教学非常重要，请写出你的意见与建议。					
被调查人签名			调查时间		

项目3 灌木生产技术

任务1 常绿灌木生产技术

任务单

学习领域	园林植物生产技术			
学习项目	项目3	灌木生产技术		
	任务1	常绿灌木生产技术(以海桐为例)	学时	20
布置任务				
学习目标	(1)掌握灌木生长规律,熟悉其各生长阶段的特性及需求。 (2)熟悉灌木(海桐)的生产苗圃地准备、育苗技术、栽培技术、养护技术。 ①学会运用播种繁殖技术培育实生苗; ②能够利用扦插技术培育扦插苗; ③能够根据不同嫁接方式,获得嫁接苗; ④能够进行高空压条,获得新苗木; ⑤学会对实生苗、营养繁殖苗进行养护管理。 (3)了解常绿灌木的园林应用形式。			
任务描述	**1. 工作任务:**海桐苗木的育苗、栽植、养护			

	② **2. 完成工作任务需要学习以下主要内容** (1)熟悉海桐生长发育规律； (2)确定海桐繁殖可以采用哪些方式； (3)掌握海桐栽植的过程及注意事项； (4)熟悉海桐养护管理的内容。
学时安排	资讯6,计划2,决策2,实施8,检查1,评价1。
提供资料	(1)潘利主编的《园林植物栽培与养护》(机械工业出版社2015年出版)； (2)成海钟、陈立人主编的《园林植物栽培与养护》(中国农业出版社2015年出版)； (3)唐蓉、李瑞昌主编的《园林植物栽培与养护》(科学出版社2014年出版)； (4)佘远国主编的《园林植物栽培与养护管理》(机械工业出版社2009年出版)； (5)龚维红主编的《园林植物栽培与养护》(中国建材工业出版社2012年出版)； (6)魏岩主编的《园林植物栽培与养护》(中国科学技术出版社2003年出版)； (7)庞丽萍、苏小惠主编的《园林植物栽培与养护》(黄河水利出版社2012年出版)； (8)石进朝主编的《园林植物栽培与养护》(中国农业大学出版社2012年出版)； (9)罗镪、秦琴主编的《园林植物栽培与养护(第3版)》(重庆大学出版社2016年出版)。

对学生的要求	**1. 知识技能要求** (1)熟悉常绿灌木各阶段生长发育的特性； (2)列出常绿灌木播种繁殖操作步骤，学会播种繁殖； (3)列出常绿灌木扦插繁殖操作步骤，学会扦插繁殖； (4)列出常绿灌木嫁接繁殖操作步骤，学会嫁接繁殖； (5)列出常绿灌木繁殖后的栽植过程及步骤； (6)熟悉常绿灌木大树移植的栽植过程； (7)学会对常绿灌木海桐进行养护管理，列出养护管理具体内容； (8)本任务结束时需上交2种不同繁殖方法的操作方案，以及相应的栽植、养护、管理方案，要按时、按要求完成。 **2. 生产安全要求** 严格遵守操作规程，注意自身安全。 **3. 职业行为要求** (1)着装整齐； (2)遵守课堂纪律； (3)具有团队合作精神； (4)按时清洁、归还工具。

资讯单

学习领域		园林植物生产技术		
学习项目	项目3	灌木生产技术		
	任务1	常绿灌木生产技术（以海桐为例）	学时	20
资讯方式		学生自主学习、教师引导		
资讯问题		（1）常绿灌木的生命周期中，各阶段有哪些特点？ （2）海桐生长有哪些特殊的要求？ （3）海桐播种繁殖应如何进行？如何提高其发芽率？ （4）常绿灌木扦插应如何进行？海桐能否用扦插繁殖？如可以用扦插繁殖，应选择硬枝扦插还是软枝扦插？ （5）常绿灌木嫁接繁殖有哪些方式？应如何操作？海桐繁殖能否用嫁接？如果可以，应选择哪种树种作为砧木？ （6）常绿灌木的压条繁殖有哪些类型？应如何操作？海桐能够用压条进行繁殖吗？如不能，说明理由；如能，请阐述具体的操作方式。 （7）对于海桐选择2种繁殖率高的方式，撰写操作步骤，并进行实践操作，完成作品。 （8）海桐繁殖苗应如何进行栽培管理？阐述其栽培管理的技术要点。 （9）海桐大苗应如何进行移植？阐述其具体操作过程。 （10）海桐养护管理的具体内容有哪些？撰写海桐养护管理的工作月历。		
资讯引导		（1）灌木的生长规律参阅潘利主编的《园林植物栽培与养护》（机械工业出版社2015年出版）； （2）园林植物的各种繁殖方法，播种、扦插、嫁接、压条等具体操作方法参阅成海钟、陈立人主编的《园林植物栽培与养护》（中国农业出版社2015年出版）； （3）园林植物的栽植及养护管理内容参阅龚维红主编的《园林植物栽培与养护》（中国建材工业出版社2012年出版）与魏岩主编的《园林植物栽培与养护》（中国科学技术出版社2003年出版）； （4）各种繁殖方法及栽植过程，参见相关网络视频。		

信息单

学习领域	园林植物生产技术		
学习项目	项目3	灌木生产技术	
	任务1	常绿灌木生产技术(以海桐为例)	学时	20
资讯方式	学生自主学习、教师引导		
信息内容			

一、灌木的生长规律

木本植物的生命周期如下图所示。

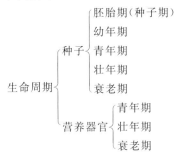

木本植物的生命周期

1. 胚胎期(种子期)

(1)生长特点:种子处于休眠状态。

(2)中心任务:做好种子贮藏工作,最大限度地延长种子寿命。

(3)栽培价值:为播种苗培育准备繁殖材料。

2. 幼年期:从种子萌发到第一次出现花芽前为止

(1)生长特点:旺盛的营养生长(离心生长)。

(2)中心任务:促进营养生长,快速构建合理的树体结构。

(3)管理措施。

①加强土壤管理,促进树体健康均衡生长;

②合理整形修剪,形成良好树体结构;

③注意病虫害防治,减少生物危害;

④观花观果植物,促进生殖生长,实现早花早果,提高观赏价值。

3. 青年期:第一次开花到大量开花之前

(1)生长特点:前期营养生长旺盛,生殖生长逐年增长,后期生殖生长与营养生长趋于平衡;树体达到最大;花、果实性状变异性大。

(2)中心任务:进一步促进树体结构合理建造;正确对待花、果实等的生殖生长。

(3)养护措施。

①加强水肥管理,加强树体内营养物质积累;

②合理整形修剪,为壮年期大量开花打下基础;

4. 壮年期：从生长势减慢到出现干枯枝为止

(1) 生长特点：生殖生长与营养生长相对均衡；花、果实性状与产量基本稳定；树体大小稳定（外围末端根系与小枝有死亡现象）。

(2) 中心任务：保持一定生长势，延长壮年期时间。

(3) 养护措施。

① 加强土肥水管理，增强树势；

② 加强精细修剪，维持生长势；

③ 合理负载，增强树体抗性；

④ 加强病虫害防治，提高保护能力；

这一阶段是栽培的黄金时期，是最具价值的时期。

5. 衰老期：从树木生长发育明显衰退到死亡为止

(1) 生长特点：生殖生长与营养生长衰弱（大枝大量干枯死亡，开花、结果量小）；花、果实性状差；病虫害严重。

(2) 中心任务：更新。

(3) 管理措施。

① 开沟施肥；

② 中耕松土；

③ 及时补洞；

④ 对骨干枝进行重剪，促发侧枝。

二、灌木播种育苗

(一) 播种前的准备工作

播种前的准备工作包括种子处理和播种地的准备，目的是提高发芽率，保证出苗整齐，提高苗木质量。

1. 种子的处理

1) 精选与晾晒

为了获得纯净、优质的种子，播种前要对种子进行精选，除去各类夹杂物和霉烂的种子。精选的方法有风选、水选、筛选、粒选。经过精选后的种子，可以进行晾晒消毒，除湿灭菌，激发种子的活力，从而达到提高发芽率、出苗整齐的目的。

2) 种子消毒

经过采集和贮藏，种子表面存在多种病菌，因此，在播种前对种子进行消毒，可杀菌、除虫、防病，保护种子免遭土壤中病虫的侵害。这是育苗工作中一项重要的技术措施，一般采用药剂浸种和药剂拌种两种方法。

(1) 药剂浸种是指把适量的种子浸入到一定浓度的药剂溶液中，对种子表皮进行杀菌，再用清水反复冲洗后阴干。常用的药剂浸种方法如下。

① 硫酸铜溶液浸种：用浓度为 $0.1\%\sim1\%$ 的硫酸铜溶液浸种 $4\sim6$ h。

② 高锰酸钾溶液浸种：用浓度为 0.5% 的高锰酸钾溶液浸种 2 h，或用浓度为 5% 的高锰酸钾溶液浸种 30 min，再用清水冲洗后阴干。注意对已经发芽或破皮的种子不能用此方法。

③甲醛(福尔马林)溶液浸种:播种前1~2 d,用浓度为0.15%的甲醛溶液浸种20~30 min,取出密封2 h,阴干后即可播种。注意长期沙藏的种子不要用甲醛溶液消毒。

④石灰水浸种:用浓度为1%~2%的石灰水浸种25~35 min,再用清水冲洗、阴干。

(2)药剂拌种 指的是把一定量的种子与混有一定比例药剂的细土或细沙搅拌在一起。播种时将种子与药土一起播入土中,以达到防止土壤中的病菌侵害种子的目的。药剂拌种的方法如下。

①西力生(氯化乙基汞)或赛力散(磷酸乙基汞)拌种:播种前15~20 d,每千克种子混入1~2 g西力生或赛力散,此法既能消毒,也有刺激种子发芽的作用。

②敌克松(对二甲基氨基苯重氮磺酸钠)和五氯硝基苯混合药剂拌种:用75%的五氯硝基苯和25%的敌克松混合药剂,与10倍细土充分搅拌,配成药土。播种前将药土施入沟底或将药土和种子以适当的比例混合施入土中。

在操作的过程中要注意药剂的浓度、浸种(拌种)的时间、操作人员的安全。

3)种子催芽

有些园林植物种皮坚硬或有厚蜡质层;有些种子休眠期长,播种后在自然条件下发芽持续时间长,出苗慢;有些种子播种后发芽受阻,出苗不整齐。为了播种后能达到出苗快、整齐、均匀、健壮的标准,提高园林植物生产质量和产量,一般在播种前进行催芽处理。

种子催芽是指通过人为调节和控制种子发芽所需的外部环境条件,促进酶的活动,增强呼吸作用,加强营养物质转化,达到种子尽快萌发的目的。常用的催芽方法如下。

(1)清水浸种。原理是吸水后种皮变软,体积膨胀,打破休眠,刺激发芽。注意事项:用水量为种子体积的5~10倍;变温浸种时,要边倒热水边搅拌,维持5~10 s,然后倒入冷水浸泡;对浸泡时间长的种子要每天浇水;对浸泡过程中已经膨胀漂浮的种子可以先捞出进行催芽;小粒种子浸泡时间据情况而定。

(2)机械损伤。对一些种皮致密坚硬的种子,可以通过外力破坏种皮,如可以用粗沙、碎石与种子混合搅拌,或用剪刀、锤、锉、砂纸等工具磨破种皮,也可剥去种皮立即播种。

(3)酸碱处理。将具有坚硬种壳的种子浸泡到具有腐蚀性的酸碱溶液中,使种皮变薄,增加透性,促进萌发。常用药品有浓硫酸、氢氧化钠等。如对于种皮特别坚硬的皂角、蜡梅、山楂等,生产上常用浓度为98%的浓硫酸浸种20~120 min(根据不同种子适当调整浸泡时间),或用浓度为10%的氢氧化钠溶液浸种24 h左右,捞出后用清水冲洗干净,阴干后再进行催芽处理。也可以用温热的1%浓度的碱水,或1%浓度的苏打水(碳酸氢钠溶液),或2%浓度的氨水浸种。

(4)层积催芽。层积催芽是将种子与湿润物(一般是洁净、湿润的河沙)混合,放置在具有一定湿度、温度且通气的环境中,是完成种子催熟、解除休眠的重要方法。层积催芽分为低温层积处理和高温层积处理。

低温层积处理也称层积沙藏。方法是:秋季选择地势高、排水良好的背风阴凉处,挖一个深和宽约 1 m、长约 2 m 的坑,将种子与 3～5 倍的湿沙(以手握成团,一触即散为宜)混合,也可一层沙一层种子交替;也可装入木箱、花盆中或埋入地下。坑中插入草把,以便于通气。层积期间温度一般保持在 1～5 ℃,如天气较暖,可用覆盖物保持坑内低温。春季播种之前半个月左右,注意检查种子情况,当裂嘴露白种子达到 30% 以上时,即可播种。

高温层积处理,是将种子与湿沙混合后,堆放于温度 20 ℃ 左右的洁净之处。层积过程中注意温度和湿度的变化,要保湿通气,防止发热、发毒或水分丧失。经常检查种子情况,当裂嘴露白种子达到 30% 以上时,即可播种。

注意事项:层积处理过程中出现烂种、霉变情况,要及时拣出烂种,分析霉烂原因,严重时要更换经过消毒的沙藏基质。

(5)其他处理。

除以上常用的催芽方法以外,还可用微量元素或无机盐处理种子,进行催芽,常使用的药剂有硫酸锰、硫酸锌等。也可用有机药剂处理种子,如酒精、胡敏酸、酒石酸、对苯二酚、苯乙酸、吲哚乙酸、吲哚丁酸、赤霉素等。

4)接种工作

(1)根瘤菌。根瘤菌能固定大气中的游离氮以满足苗木对氮的需要。豆科植物或赤杨类植物育苗时,需要使用接种根瘤菌剂。方法是将根瘤菌剂撒在种子上充分搅拌后,随即播种。

(2)菌根菌剂。菌根菌能供应植物营养,代替根毛吸收水分和养分,促进生长发育,在植物出苗期非常重要,通过菌根菌的接种,可以提高成活率和质量。方法是将菌根菌剂加水拌成糊状,拌种后立即播种。

(3)磷化菌剂。植物幼苗期很需要磷,而磷在土壤中很容易被固定,因此可用磷化菌拌种后再进行播种。方法是将磷化菌剂与种子充分搅拌后播种。

5)防鸟防鼠处理

播种前可用磷化锌、敌鼠钠盐拌种,以防鸟类及鼠类为害。

采用鼠鸟忌食剂附在植物种子或幼苗上,可驱避鼠鸟取食种子,防鼠类咬食幼苗,促进种子发芽。该方法成本低、药效稳定、环境污染小。

2. 播种地的准备

1)整地

整地的目的是为种子发芽创造良好的条件,在作床、作垄前进行平整场地、碎土,为幼苗出土创造良好条件,以提高发芽率,便于幼苗的抚育管理。

整地主要包括耕、耙、镇压三个环节。秋耕,翻地深度 25～35 cm。春耙,耙碎土块、斩断草根、耧平地面。耙后镇压,以贮水、保墒。

整地要求达到细致平坦、上松下实。具体要求为土地细碎、无土块、石块和杂草根,种子越小其土粒也应越细,以满足种子发芽后幼苗生长对土壤的要求。播种地平坦,这样灌溉均匀,降雨时不会因土地不平、低洼积水而影响苗木生长。若经过整地后,土壤过于疏松,应进行适当镇压,上松有利于幼苗出土,减少下层土壤的水分蒸发;下实可使毛细管水能够达到湿润土层中,以满足种子萌发时对土壤水分的要求。上松下实,为种子萌发创造了良好的土壤条件。

2）施基肥

植物生长主要靠根系从土壤中吸取营养,根系的旺盛生长活动需要通透性良好和富有肥力的土壤。基肥是播种前施用的肥料,目的是长期不断地供给苗木养分和改良土壤。基肥主要以有机肥为主,配合施以化肥。有机肥含有多种营养元素和大量的有机质,可以增加土壤中的腐殖质,有改良土壤的效果。施用的有机肥,要彻底腐熟和细碎,撒施后结合深翻熟土,可以改善土壤结构和理化性状,增加土壤微生物分解有机物的能力,能引导根系向土壤深处扩展。

3）土壤消毒

土壤是传播病虫害的主要媒介,也是病虫繁殖的主要场所,许多病菌、虫卵、害虫都在土壤中生存或越冬,而且土壤中还常有杂草种子。土壤消毒的目的就是消灭土壤中残存的病原菌和地下害虫,为播种后植物的生长创造有利的生存环境。目前,国内外常用的土壤消毒的方法是高温消毒和药物消毒。

(1)火焰消毒。我国传统的火焰消毒(燃烧消毒)就是在露地苗床上铺上干草点燃,可消除表土中的病菌、害虫和虫卵,翻耕后还能增加一定的钾肥。日本有特制的火焰土壤消毒机(汽油燃料)。使土壤的温度达到 $80\sim89$ ℃,既能杀死各种病原微生物和草籽,也可杀死害虫,而土壤中的有机质并不燃烧。

(2)蒸汽消毒。有条件的地方可以用管道(铁管等)把锅炉中的蒸汽引到一个木制的或铁质的密封容器中,把土壤装进容器进行消毒。蒸汽温度在 $100\sim120$ ℃,消毒时间为 $40\sim60$ min。在容器中的铁管上打一些小孔,蒸汽由小孔喷发出来。

(3)溴甲烷消毒。溴甲烷是土壤熏蒸剂,可防治真菌、线虫和杂草。在常压下,溴甲烷为无色无味的液体,对人类有剧毒,因此,操作时要佩戴防毒面具。一般用药量为 50 g/m^2,将土壤整平后用塑料膜覆盖,压紧四周,然后将药罐用钉子钉一个洞,迅速放入膜下,熏蒸 $1\sim2$ d,揭膜散气 2 d 后再使用。由于此药有剧毒,必须经过专业人员培训后方可使用。

(4)甲醛消毒。对 40% 的甲醛溶液(福尔马林),用 50 倍液浇灌土壤至湿润,用塑料薄膜覆盖,经两周后揭膜,待药液挥发后再使用。一般 3 m^3 培养土均匀洒施 50 倍的甲醛溶液 $400\sim500$ mL。此药的缺点是对许多土传病害如枯萎病、根瘤病及线虫等效果较差。

(5)硫酸亚铁消毒。用硫酸亚铁干粉按照 $2\%\sim3\%$ 的比例拌细土撒在苗床上,药土用量为 $150\sim200$ kg/hm^2。

(6)石灰粉消毒。石灰粉能中和土壤的酸性,也可杀虫灭菌,南方多用。一般每立方米床面用 $15\sim20$ g,或每立方米培养土用 $90\sim120$ g。

(7)硫黄粉消毒。硫黄粉能中和土壤中的盐碱,也可杀死病菌,北方多用。一般每立方米床面用 $25\sim30$ g,或每立方米培养土施入 $80\sim90$ g。此外,还可以用代森锌、多菌灵、绿亨 1 号、氯化苦、五氯硝基苯、漂白粉等给土壤消毒。必速灭颗粒是广谱性的土壤消毒剂,经常用于高尔夫球场草坪、苗床、基质、培养土及肥料的消毒。基质使用量一般为 1.5 g/m^2 或 60 g/m^3,大田 $15\sim20$ g/m^2。施药后要经过 $7\sim15$ d 才能播种,此期间可松土 $1\sim2$ 次。

3. 作床

园林苗圃中的育苗方式可分为苗床育苗和大田育苗两种。

1)苗床育苗

苗床育苗用于生长缓慢、需要细心管理的小粒种子以及少量或珍贵树种的播种，如金钱松、油松、侧柏、落叶松、马尾松、杨树、柳树、连翘、紫薇、山梅花等多种园林树种，一般均采用苗床播种。

高床：床面高于地面的苗床称为高床，整地后取步道土壤覆于床上，使床高于地面15~30 cm，床面宽100~200 cm。高床可促进土壤通气，提高土温，增加肥土层的厚度，并便于排水，适用于我国南方多雨地区、土壤黏重、易积水或地势较低、条件差的地区，以及要求排水良好的树种，如油松、白皮松、木兰等。

低床：床面低于步道，步道宽20~30 cm，床面宽100~120 cm，低床便于灌溉，适用于低温和干旱地区育苗。适用于喜湿的中小粒种子的树种，如悬铃木、太平花、水杉等。我国华北、西北地区多采用低床育苗。

平床：床面比步道稍高，平床筑床时，只需用脚沿绳将步道踩实，使床面比步道略高几厘米即可。适用于水分条件较好，不需要灌溉的地方或排水良好的土壤。

2)大田式育苗

大田式育苗又称农田式育苗，不做苗床，将树木种子直接播于圃地。便于机械化生产和大面积地进行连续操作，工作效率高，节省人力。由于株行距大，光照、通风条件好，苗木生长健壮而整齐，可降低成本，提高苗木质量，但苗木产量略低。为了提高工作效率，减轻劳动强度，实现机械化生产，在面积较大的苗圃中多采用大田式育苗。常采用大田播种的树种有山桃、山杏、海棠、合欢、枫杨、君迁子等。

大田式育苗分为平作和垄作两种。平作在土地整平后即播种，一般采用多行带播，能提高土地利用率和单位面积产苗量，便于机械化作业，但灌溉不便，宜采用喷灌。垄作目前使用较多，高垄通气条件较好，地温高，有利于排涝和根系发育，适用于怕涝树种，如合欢等。高垄规格，一般要求垄距60~80 cm，垄高20~50 cm，垄顶宽度20~25 cm(双行播种宽度可达45 cm)，垄长20~25 cm，最长不应超过50 cm。

(二)播种量计算

播种量是指单位面积或长度上播种种子的重量。适宜的播种量既不浪费种子，又有利于提高苗木的产量和质量。播种量过大，浪费种子，间苗也费工，苗木拥挤，竞争营养，且易感病虫，导致苗木质量下降；播种量过小，产苗量低，容易滋生杂草，管理费工，也浪费土地。

计算播种量的公式如下。

$$X = C \times (A \times W)/(P \times G \times 1000^2)$$

式中 X——单位面积或长度上育苗所需的播种量，kg；

A——单位面积或长度上产苗数量，株；

W——种子千粒重，g；

P——种子的净度，%；

G——种子发芽率；

C——损耗系数；

1000^2——常数。

损耗系数因树种、苗圃地环境条件、育苗技术和经验而异，同一树种，在不同条件下的具体数值也可能不同。经过试验，C 值的变化范围大致如下。大粒种子（千粒重在 700 g 以上）：C＝1。中粒种子（千粒重在 3～700 g）：1＜C＜2。小粒种子（千粒重在 3 g 以下）：C＝10～20。

(三)播种方式

生产上常用的播种方法有撒播、条播和点播。

1. 撒播

将种子均匀地撒在苗床上为撒播，撒播适用于小粒种子，如杨树、柳树、悬铃木、紫薇等。优点是可以充分利用土地，产苗量高。缺点是用种量大，出苗后没有明显的株行距，中耕除草、病虫防治、间苗等管理操作比较费工，易造成土壤板结，苗木通风、透光不良，生长势减弱，或产生大小苗的两极分化。

技术要点：播种一定要均匀，对特小粒种子可以掺入细沙播种；覆土要均匀，厚度应该是种粒直径的 2～3 倍；根据种子发芽情况及播种环境确定合理的播种量，防止出苗过密，影响小苗生长。

2. 条播

按照一定的行距将种子均匀地撒在播种沟中称为条播，条播适用于中粒种子，如刺槐、侧柏、松、海棠等。条播的宽度是阔叶树 10 cm 左右，针叶树 10～15 cm，行向一般为南北向，以利光照均匀。优点是比撒播省种子；有一定行间距，可通风透光；保证小苗有一定的营养空间，提高苗木质量；便于养护管理和简单的机械化操作。缺点是产量不如撒播高。

技术要点：根据不同树种生长情况确定行距；控制单位长度和单位长度播种量，过密会增加间苗工作量。

3. 点播

按一定的株行距将种子播于种沟、穴中称为点播。点播适用于大粒种子和发芽势强、幼苗生长旺盛的树种及一些珍贵树种，如核桃、七叶树、桃、杏、银杏、油桐等。优点是节约种子，幼苗有充分的营养空间。缺点是费工，容易出现缺苗现象。

技术要点：根据种子大小和幼苗生长速度确定株行距；摆放种子时要侧放，使种子的尖端与地面平行，以便胚根入土，胚芽萌发出土；覆盖的厚度为种子直径的 1～3 倍。

(四)播种技术

播种工作包括划线、开沟、播种、覆土、镇压五个环节。

1. 划线

播种前划线确定播种位置。划线要直，便于播种和起苗。

2. 开沟和播种

开沟和播种两项工作紧密结合，开沟后立即播种，以防播种沟干燥，影响种子发芽。播种宽度可根据实际情况确定，一般为 2～5 m；播种深度与覆土厚度相同，在干旱条件下，播种沟底要适当镇压，以促进毛细管水的上升，保证种子发芽所需的水分。

3. 覆土

覆土是播种后用土、细沙或腐殖土等盖种子，以保证种子能得到发芽所需的水分、温度和通气条件，又能避免风吹日晒、鸟兽等危害，使其有一个持续适宜的温湿度环境。为保证种子顺利出土，覆土要均匀，厚度要适宜，一般覆土厚度是种子直径的 1～3

倍,过深幼苗不易出土,过浅土层容易干燥,因此,覆土厚度应根据以下条件而定。

(1)树种生物特性。大粒种子宜厚,小粒种子宜薄;子叶出土的宜薄,子叶不出土的宜厚。

(2)气候条件。干燥条件宜厚,湿润条件宜薄。

(3)覆盖材料。疏松的宜厚,否则宜薄。

(4)土壤条件。沙质土壤厚,黏重土壤略薄。

(5)播种季节。一般春夏播种宜薄,北方秋季播种宜厚。

4. 镇压

镇压可以使种子与土壤充分结合,尤其对疏松土壤很有必要,但要注意力度。

三、灌木扦插育苗

扦插繁殖是利用离体的植物营养器官如根、茎(枝)、叶等的一部分,在一定的条件下插入土、沙或其他基质中,利用植物的再生能力,经过人工培育使之发育成一个完整新植株的繁殖方法。经剪截用于直接扦插的部分称为插穗;用扦插繁殖所得的苗木称为扦插苗。

优点:方法简单,材料充足,可大量育苗和多季育苗,是主要的繁殖手段之一;具成苗快和可保持母本优良性状等特点。

不足:需采用必要的遮阴、喷雾、搭棚措施;要求精细管理,比较费工。

(一)插条的生根类型

扦插成活的关键是不定根的形成,发源于分生组织的细胞群中。不定根形成类型如下。皮部生根型:从插条周身皮部的皮孔、节(芽)等处发根。愈伤组织生根型:以愈伤组织生根为主。

(二)影响插条生根的因素

插条扦插后能否生根成活,除与植物本身的内在因子有关外,还与外界环境因子有密切的关系。

1. 影响插条生根的内因

1)树种生物学特性

(1)易生根的树种:柳树、水杉、池杉、柳杉、小叶黄杨、紫穗槐、连翘、月季、迎春、金银花、常春藤、卫矛、南天竹、紫叶小檗、黄杨、金银忍冬、葡萄、无花果和石榴等。

(2)较易生根的树种:侧柏、红豆杉、罗汉柏、罗汉松、刺槐、国槐、茶、茶花、樱桃、野蔷薇、杜鹃、珍珠梅、白蜡树、悬铃木、五加、接骨木、女贞、慈竹、夹竹桃、猕猴桃等。

(3)较难生根的树种:金钱松、圆柏、日本五针松、梧桐、楝、臭椿、君迁子、米兰、秋海棠、枣树等。

(4)极难生根的树种:黑松、马尾松、赤松、猴樟、板栗、核桃、蒙古栎、鹅掌楸、柿树、榆树等。

2)插穗年龄

(1)母树年龄:生根能力随母树年龄增长而降低。插穗应采自年幼的母树,难生根树种应选用1～2年生实生苗上的枝条。

(2)插穗年龄：一般以当年生枝的再生能力为最强，插穗内源生长素含量高、细胞分生能力旺盛，促进了不定根的形成。

3）枝条的着生部位及发育状况

一般树种的树根和干基部萌发条的生根率高。作插穗的枝条用采穗圃的枝条较好，可用插条苗、留根苗和插根苗的插穗。

4）枝条的不同部位

一般来说，常绿树种中上部枝条较好；落叶树种硬枝扦插选用中下部枝条较好。

5）插穗粗细与长短

大多数树种长插条根原基数量多，贮藏的营养多，有利于插条生根。一般落叶树硬枝插穗10～25 cm；常绿树种10～35 cm。

在生产实践中，应根据需要和可能，采用适当长度和粗细的插穗，合理利用枝条，应掌握"粗枝短截，细枝长留"的原则。

6）插穗的叶和芽

叶和芽能供给插穗生根所需要的营养物质和生长激素、维生素等，有利生根；插穗一般留叶2～4片。

2. 影响插条生根的外因

影响插条生根的外因主要有温度、湿度、通气、光照、基质等。

1）温度

多数树种生根最适温度为15～25 ℃，以20 ℃最适宜。温带植物在20～25 ℃合适；热带植物在23 ℃左右(25～30 ℃)合适；一般土温高于气温3～5 ℃时，对生根极为有利。

2）湿度

空气的相对湿度、插壤湿度以及插穗本身的含水量是扦插成活的关键。嫩枝扦插，应特别注意保持合适的湿度。

3）通气条件

插条生根率与插壤中的含氧量成正比。插穗基质要求疏松透气，同时浅插。

4）光照

强烈的光照会使插穗干燥或灼伤，降低成活率。生产上可采取喷水降温或适当遮阴等措施来维持插穗水分平衡。

5）扦插基质

要能满足插穗对基质水分和通气条件的要求。

(1)固态：生产上常用的一般有河沙、蛭石、珍珠岩、炉渣、泥炭土、炭化稻壳、花生壳、苔藓、泡沫塑料等。要求通气、排水性能良好。反复使用后，颗粒破碎，粉末成分增加，要定时更换新基质。

(2)液态：把插穗插于水或营养液中使其生根成活，称为液插。液插常用于易生根的树种。营养液作基质，插穗易腐烂，一般应慎用。

(3)气态：把空气造成水汽迷雾状态，将插穗吊于雾中使其生根成活，称为雾插或气插。生根快，可缩短育苗周期。由于在高温、高湿条件下生根，炼苗成为雾插成活的重要环节之一。

(三)促进插穗生根的技术

1. 生长素及生根促进剂处理

(1)生长素处理:常用的生长素有萘乙酸(NAA)、吲哚乙酸(IAA)、吲哚丁酸(IBA)、2,4-二氯苯氧乙酸等。

(2)生根促进剂处理:常用 ABT 生根粉系列、植物生根剂 HL-43、根宝、3A 系列促根粉等。可提高银杏、桂花、板栗、樱花、梅、落叶松等的生根率。

2. 洗脱处理

分温水处理、流水处理、酒精处理等。能降低枝条内抑制物质的含量,增加枝条内水分含量。

3. 营养处理

用维生素、糖类及其他氮素处理插条。用 5%~10%浓度的蔗糖液处理雪松、圆柏、水杉插穗 12~24 h,促根效果很显著;将糖类与植物生长素并用,效果更佳;嫩枝扦插时在叶片上喷洒尿素。

4. 化学药剂处理

醋酸、磷酸、高锰酸钾、硫酸锰、硫酸镁等较为常用。生产中用 0.1%浓度的醋酸液浸泡卫矛、紫丁香等插条,能显著地促进生根;用 0.05%~0.1%浓度的高锰酸钾液浸插穗 12 h,能促根,还能抑制细菌发育,起消毒作用。

5. 增温处理

春季气温高于地温,露地扦插时易先抽芽展叶后生根,以致降低扦插成活率。可采取在插床内铺设电热线(即电热温床法)或在插床内放入生马粪(即酿热物催根法)等措施来提高地温,促进生根。

6. 倒插催根

一般在冬末春初进行。利用春季地表温度高于坑内温度的特点,将插条倒放坑内,用沙子填满孔隙,并在坑面上覆盖 2 cm 厚的沙,使倒立的插穗基部的温度高于插穗梢部,为插穗基部愈伤组织的根原基形成创造了有利条件,从而促进生根,要注意水分控制。

7. 黄化处理

在生长季前用黑色的塑料袋将要作插穗的枝条罩住,使其在黑暗的条件下生长,形成较幼嫩的组织,待其枝叶长到一定程度后,剪下进行扦插,能为生根创造较有利的条件。

8. 机械处理

在树木生长季节,将枝条基部环剥、刻伤或用铁丝、麻绳、尼龙绳等捆扎,阻止枝条上部的碳水化合物和生长素向下运输,使其贮存养分,至休眠期再将枝条从基部剪下进行扦插,能显著地促进生根。

(四)扦插时期和插条的选择及剪截

1. 扦插时期

一般来说,植物扦插繁殖一年四季皆可进行。

1)春季扦插

适宜大多数植物。利用一年生休眠枝直接扦插或经冬季低温贮藏后扦插,又称硬枝扦插。扦插育苗的技术关键是采取措施提高地温。生产上采用的方法有大田露地扦插和塑料小棚保护地扦插。

2)夏季扦插

利用当年旺盛生长的嫩枝或半木质化枝条进行扦插,又称嫩枝扦插。一般针叶树采用半木质化的枝条,阔叶树采用高生长旺盛时期的嫩枝。

技术关键:提高空气的相对湿度,减少插穗叶面蒸腾强度,提高离体枝叶的存活率,进而提高生根成活率。

采用方法:常用塑料小棚保护地扦插和全光照自动间歇喷雾扦插。

3)秋季扦插

利用发育充实、营养物质丰富、生长已停止但未进入休眠期的枝条进行扦插。秋插宜早,以利物质转化完全,安全越冬。

技术关键:采取措施提高地温。

采用方法:常用塑料小棚保护地扦插育苗,北方可采用阳畦扦插育苗。

4)冬季扦插

北方应在塑料棚或温室进行,基质内铺上电热线,以提高扦插基质的温度;南方可直接在苗圃地扦插。落叶树扦插,春秋两季均可进行。以春季为多,春季扦插宜在芽萌动前及早进行;秋插宜在土壤冻结前随采随插,南方温暖地区普遍采用秋插;南方常绿树种扦插多在梅雨季节进行。

2. 插条选择及剪截

1)硬枝插条选择及剪截

(1)插条剪取时间:树液流动缓慢、生长完全停止,即落叶树种在秋季落叶后或开始落叶时至翌春发芽前剪取。

(2)插条选择:选用优良幼龄母树上发育充实、已充分木质化的1~2年生枝条或萌生条;选择健壮、无病虫害且粗壮含营养物质多的枝条。

(3)插条剪截:一般长穗插条长15~20 cm,保证插穗上有2~3个发育充实的芽,单芽插穗长3~5 cm。上切口距顶芽1 cm左右,下切口的位置宜紧靠节下。

下切口有平切、斜切、双面切、踵状切等切法。

2)嫩枝插条选择及剪截

(1)嫩枝插条的剪取时间:嫩枝扦插可随采随插。生长健壮的幼年母树上开始木质化的嫩枝为最好。采条应在清晨日出以前或在阴雨天进行,不要在阳光下、有风或天气很热的时候采条。

(2)嫩枝插条的选择:一般针叶树如松、柏等,在夏末剪取中上部半木质化的枝条较好;落叶阔叶树及常绿阔叶树,一般在高生长旺盛期剪取幼嫩的枝条进行扦插;大叶植物,当叶未展开成大叶时采条为宜。

(3)嫩枝插条的剪截:枝条采回后,在阴凉背风处进行剪截。一般插条长10~15 cm,带2~3个芽,插条上保留叶片的数量可据植物种类与扦插方法而定。下切口剪成平口或小斜口,以减少切口腐烂。

(五)扦插种类及方法

扦插根据使用繁殖材料的不同,可分为枝插、根插、叶插、芽插、果实插等。

1. 枝插

根据枝条的成熟度与扦插季节,枝插又可分为休眠枝扦插与生长枝扦插。

(1)休眠枝扦插:利用已休眠的枝条作插穗进行扦插;由于休眠枝条已木质化,又称为硬枝扦插。通常分为长穗插和单芽插两种。

(2)生长枝扦插:用生长旺盛的幼嫩枝或半木质化的枝条作插穗。插穗短,带1~4个节间,长5~20 cm,保留部分叶片,叶片较大时剪去一半;下切口位于叶及腋芽下,以利生根,剪口可平可斜。

2. 根插

枝插生根较难的树种,可用根插进行无性繁殖,以保持其母本的优良性状。

(1)采根:选健壮幼龄树或1~2年生苗作为采根母树,根穗年龄以一年生为好。采根时勿伤根皮;一般在树木休眠期进行,采后及时埋藏处理;在南方最好早春采根,随即进行扦插。

(2)根穗剪截:根穗长15~20 cm,大头粗度为0.5~2 cm;香椿、刺槐、泡桐等可用细短根段,长3~5 cm,粗0.2~0.5 cm。

(3)扦插:插前将插壤细致整平,灌足底水。将根穗垂直或倾斜插入土中,注意根的上下端,不要倒插;插后到发芽生根前最好不灌水,以免引起根穗腐烂。

3. 叶插

多数木本植物叶插苗的地上部分是由芽原基发育而成的。叶插穗应带芽原基,并保护其不受伤,否则不能形成地上部分。地下部分(根)是愈伤部位诱生根原基而发育成根。木本植物叶插主要采用针叶束水插育苗。

(六)插后管理

(1)插后立即灌一次透水,注意经常保持插壤和空气的湿度,做好保墒及松土工作。

(2)插条上若带有花芽应及早摘除。

(3)未生根前地上部已展叶应摘除部分叶片;在新苗长到15~30 cm时,应选留一个健壮直立的枝条,其余除去,必要时可在行间进行覆草,以保持水分和防止雨水将泥土溅于嫩叶上。

(4)硬枝扦插生根时间较长,应注意必要时进行遮阴。

(5)嫩枝露地扦插要搭荫棚遮阴降温,每天10:00—16:00进行遮阴降温,同时喷水保湿。

(七)扦插育苗新技术

(1)全光照自动喷雾技术。

(2)基质电热温床催根育苗技术。利用电热加温,目标温度可通过植物生长模拟计算机人工控制,能保持温度稳定,有利于插穗生根。

(3)雾插(空气加湿、加温育苗)技术。用于加热的热源有空气加热线或燃油燃气热风炉,安上热源后,再与植物生长模拟计算机连接实现自控,使空气温度达到最适,使密闭的雾插室维持稳定的温度。

四、分株与压条育苗

(一)分株繁殖

分株繁殖是利用树种能够萌生根蘖或灌木丛的特性,把根蘖或丛生枝从母株上分割下来进行栽植,使之形成新植株的繁殖方法。臭椿、刺槐、枣、黄刺玫、珍珠梅、绣线菊、玫瑰、蜡梅、紫荆、紫玉兰、金丝桃等适用。

1. 分株时期

主要在春秋两季进行,要考虑到分株对开花的影响。一般春季开花植物宜在秋季落叶后进行分株,秋季开花植物应在春季萌芽前进行分株。

2. 分株方法

1) 灌丛分株

将母株一侧或两侧土挖开,露出根系,将带有一定茎干(一般1～3个)和根系的萌株带根挖出,另行栽植。注意不要对母株根系造成太大损伤,以免影响母株的生长发育,减少以后的萌蘖。

2) 根蘖分株

将母株根蘖挖开露出根系,带根挖出,另行栽植。

3) 掘起分株

将母株全部带根挖起,利刃分成有较好根系的几份,每份地上部分应有1～3个茎干,利于幼苗的生长。

(二) 压条繁殖

压条繁殖是将未脱离母体的枝条压入土内或在空中包以湿润物,待生根后把枝条切离母体,成为独立新植株的一种繁殖方法。

1. 压条的种类及方法

1) 低压法

根据压条的状态不同分为普通压条、水平压条、波状压条及堆土压条等方法。

(1) 普通压条法:最常用且适用于枝条离地较近而又易于弯曲的树种,如迎春花、木兰、大叶黄杨等。具体方法:秋季落叶后或早春发芽前,利用1～2年生成熟枝进行压条。雨季一般用当年生的枝条进行压条;常绿树种以生长期压条为好。将母株上近地面的1～2年生的枝条弯到地面;在接触地面处,挖一深10～15 cm、宽10 cm左右的沟,靠母树一侧的沟挖成斜坡状,相对的壁挖垂直。将枝条顺沟放置,枝梢露出地面,并在枝条向上弯曲处,插一木钩固定。枝条生根成活后,从母株上分离即可。对于移植难成活或珍贵的树种,可将枝条压入盆中或筐中,待生根后再切离母株。

(2) 波状压条法:适用于枝条长而柔软或蔓性树种,如紫藤、葡萄等。将整个枝条呈波浪状压入沟中,枝条弯曲的波谷压入土中,波峰露出地面。压入地下的部分产生不定根,露出地面的芽抽生新枝,待成活后分别与母株切离,成为新的植株。

(3) 水平压条法:适于枝长且易生根的树种,如连翘、紫藤、葡萄等。将整个枝条水平压入沟中,使每个芽节处下方产生不定根,上方芽萌发新枝。成活后分别切离母体栽培。一根枝条可得多株苗木。

(4) 堆土压条法:适于丛生性和根蘖性强的树种,如杜鹃、木兰。早春萌芽前,对母株进行平茬截干。灌木可从地际处抹头,乔木可于树干基部刻伤,以促枝。新枝长到30～40 cm高时堆土压埋。一般经雨季后能生根成活,翌春将枝条从基部剪断,切离母体进行栽植。

2)高压法

高压法也称空中压条法。枝条坚硬不易弯曲或树冠太高枝条不能弯到地面的树枝,可采用高压繁殖。高压法一般在生长期进行。压条时先环状剥皮或进行刻伤处理,用疏松、肥沃的土壤或苔藓、蛭石等湿润物敷于枝条上,再用塑料袋或对开的竹筒等包扎好。注意保持袋内土壤的湿度,适时浇水,待生根成活后即可剪下定植。

2. 促进压条生根的方法

对不易生根或生根时间较长的树种,可用刻伤法、软化法、生长刺激法、扭枝法、缢缚法、劈开法及土壤改良法等阻滞有机营养向下运输,并不影响水分和矿物质的向上运输,使养分集中于处理部位,刺激不定根的形成。

3. 压条后管理

(1)保持土壤湿度合理,调节土壤通气性和温度,适时灌水,及时中耕除草。

(2)注意检查埋入土中的压条是否露出地面。

(三)埋条繁殖

埋条繁殖是将剪下的1年生生长健壮的发育枝或徒长枝全部横埋于土中,使其生根发芽的一种繁殖方法。

五、组织培养

组织培养是在无菌的条件下,培养各种活的植物组织或部分器官,并给以适合其生长、发育的条件,使之分生出新植株的一种技术。

1. 组织培养的特点

(1)优点。

①可保持母树的优良性状;②繁殖系数大;③可解决常规育苗的问题;④可培育无菌苗;⑤速度快、省时间、产量大;⑥保存种质资源。

(2)缺点。

①操作繁杂,要求有一定的设备条件;②试验阶段成本高。

2. 组织培养的基本设备

(1)试验室准备。

①化学试验室:用于器具的洗涤、干燥、保存;培养基的配制和分装;高压灭菌;处理植物材料。

②接种室(无菌室):要求室内光滑平整、地面平坦无缝,避免灰尘积累,便于清扫。定期用紫外灯照射20 min以上。室内设有超净工作台或接种箱,用于无菌接种。

③培养室:要求室内整洁,有控温和照明设备。要求恒温,均匀一致,有自动调节温度的设备,一般保持室温25~27 ℃。光源以白色荧光灯为好,应有培养架等装置。

(2)仪器设备。

①天平:药物天平、分析天平,用于称取药品。

②烘箱和恒温箱:用于烘干玻璃器皿及测定培养物的干重。

③冰箱:用于贮藏各种激素、培养基母液,保存试验材料,低温处理等。

④酸度测定仪:用于测定培养基的pH值。

⑤高压灭菌锅:用于培养基和玻璃器皿等用具的高压灭菌。

(3)玻璃器皿和用具。

有试管、三角瓶、培养皿、量筒、烧杯、镊子、剪刀、解剖刀、解剖针等。

3. 组织培养技术

1)玻璃器皿的洗涤

先用洗衣粉洗净后,用清水冲洗干净,放入洗液(重铬酸钾+工业盐酸+蒸馏水)中浸 24 h 后用清水冲洗干净,再用蒸馏水冲洗一次,放入烘箱中烘干备用。

2)培养基的制备

(1)培养基的组成。

包括各种无机盐、有机化合物、螯合剂和植物激素、琼脂等。将各种药品配成 10 倍或 100 倍母液,放于冰箱中保存,用时按比例取用。

①大量元素:称取药品,混合定容,配成 10 倍的母液;每配制 1 L 培养基时取母液 100 mL。

②微量元素:配成 100 倍或 1000 倍的母液;每配制 1 L 培养基时取母液 10 mL 或 1 mL。

③有机化合物类:配成 100 倍或 1000 倍的母液;每配制 1 L 培养基时取母液 10 mL 或 1 mL。

④螯合剂(铁盐):每配制 1 L 培养基时取母液 5 mL。

⑤植物激素:配成 0.1~0.5 mg/mL 的溶液。

⑥蔗糖和琼脂:依需要量随称取随用。

(2)培养基的配方:常用培养基为 MS 培养基。

(3)培养基的制备程序:

将蔗糖放入溶化的琼脂中溶解,注入混合液,搅拌均匀后用 0.4% 浓度的氢氧化钠溶液或 3.65% 浓度的盐酸溶液调节 pH 值,再分装于三角瓶等培养容器内,用锡箔纸或羊皮纸封紧包好。放入高压灭菌锅灭菌,保持 15~20 min,取出冷却凝固后备用。

3)接种

用自来水冲洗或放入 70% 浓度的酒精中漂洗,用消毒剂消毒(漂白粉、次氯酸钠、升汞等),用无菌水冲洗几遍再接种。

外植体:指离体培养中的各种接种材料,包括植物体的各个器官、组织、细胞和原生质体。外植体大小、形状没有严格的限制,适当即可。

4)培养

多保持(25±2)℃的恒温条件,低于 15 ℃会使培养物的生长停顿,高于 35 ℃对生长也不利。

光照强度为 2000 lx,光照时间为 10~12 h。培养室的湿度一般不加以控制,过高易造成污染。培养基的 pH 值通常为 5.5~6.5,小于 4.0、高于 7.0 对生长不利。

5)移栽

当试管苗有 3~5 条根以后即可移栽。将试管苗先打开,放在与培养条件相近的光照充足处锻炼 3~5 d,用清水洗去根上的琼脂再栽入盆中,盆土选用通气透水的粗沙、蛭石等,用塑料薄膜覆盖保温,置于室内 10~30 d 后移入田间正常生长。

六、灌木栽植技术

(一)植树前的准备工作

(1)施工前了解设计意图,认真听取设计单位和有关人员的技术交底,包括设计规定的树种、定点依据等。

(2)施工前必须了解植树场地的情况,清除障碍。

(3)落实苗源,设专人看苗、号苗。

(二)灌木栽植操作

(1)定点放线。

位置必须符合设计要求,定点标记要明显,用木桩、白灰漆进行标记。定点后编好放样报验单,报业主、项目监理部有关人员验点。

(2)掘苗。

①标准:为了保证苗木成活率、提高绿化效果,选用生长健壮、无病虫害、树形好、根系发达的苗木。

②操作方法。a.掘苗前根据甲方要求先进行选苗号苗。b.掘苗处土壤干燥时,应在掘苗前3 d浇水一次。c.常绿树或灌木掘苗前要用草绳将树冠围拢,所留根系及苗木土球尺寸应符合规定。起苗后要视树种及栽植需要进行适当修剪,以减少水分蒸发,提高成活率和观赏效果。d.掘苗时要先铲去表土,然后开环状沟,同时修土球,再用草绳打包。e.花灌木小苗则注意取苗后放置于阴凉处或用遮阳网挡住强光,防止脱水萎蔫。

(3)挖树坑。

挖树坑时要找准位置,以所定位置为中心按规定直径划一圆圈作挖坑范围。挖树坑时要将表土与底土分别置放。挖坑时,对坑壁要随挖随修,口大底小。

(4)填土、换土、施肥。

填土时要先填入表土,然后填入底土,并要求及时除去树根、草根及砖石块。如挖出的坑土不适宜种植,则应换上肥沃的土壤。施肥时严禁树根与肥料直接接触,施用有机肥必须经过发酵处理,以免烧伤树根。模纹花坛、遍植花灌木可结合平整土地撒施肥料,并充分拌匀。

(5)装车、运苗、卸车、假植。

①苗木装车前,押运人应仔细核实树种、规格、质量、数量后再行装车。

②装运灌木可直立装车,并对根部采取保护措施。

③装运裸根苗木应根向前,树梢向后,按顺序堆码,并采取措施使树干免遭损伤。

④装运带土球苗木,苗木2 m以下可立放,2 m以上则斜放,且土球向前,树干朝后。

⑤卸苗时要按顺序从上至下进行。苗木土球直径40 cm以下的,可直接搬动土球卸苗。土球在40 cm以上的,必须用木板搭成斜面,将土球从木板上慢慢滑下。所有苗木卸车时均要轻拿轻放。

⑥苗木卸车后不能马上栽植的,应进行假植,并适当浇水,保证苗木根部、茎部湿润。

(6)栽植。

①灌木的栽植:栽植前对苗木的枝干与根系进行必要的修剪。在树坑所施的肥料上覆盖5~10 cm的泥土,使根系不直接接触肥料。坑中所填泥土应在洞坑深度2/3处,中央呈馒头状。然后将灌木球苗放置其上,在树坑四周及其上回填泥土。当回填土达到根系一半深度时,要将苗木向上稍微提起,随即按每层厚15 cm回填土并适当压实。带土球苗木的栽植:填土至坑深2/3处,将土球上的包装物去掉,在坑中放稳,将种植土回填在土球周围并分层压紧。

②做保护圈、浇水:待乔木栽植完毕后,用土围成土堰,土堰高为15 cm,然后浇足定根水。胸径大于6 cm的苗木,应在浇定根水1 d后设立支撑。根据土壤墒情浇第二次、第三次水。待浇完第三次水就可封堰。

七、灌木养护管理

1. 浇水与排水

浇灌应本着节约用水的原则,提倡使用符合要求的中水或收集的雨水。应根据树木品种的生物学特性适时浇水。春季干旱时必须浇解冻水;夏季雨天注意排涝,积水不得超过12 h。浇水应浇透,浇水前应进行围堰,围堰应规整,密实不透水。围堰直径视栽植树木的胸径(冠幅)而定。干旱季节宜多灌,雨季少灌或不灌;发芽生长期可多灌;休眠期前适当控制水量。浇水应采用pH值和矿化度等理化指标符合树木生长需求的水源,保证水源的pH值为5.5~8,矿化度在0.25 g/L左右。必须浇返青水和冻水,浇冻水后应及时封穴。应及时排出树穴内的积水。对不耐水湿的树木应在12 h内排除积水。做好针叶树的围护工作,浇水时应避免或减少对针叶树的危害。浇灌设施应完好,不应发生跑、冒、滴、漏现象。

2. 施肥

根据灌木品种、开花特性、生长发育阶段和土壤理化性质状况,选择施用有机肥、无机肥以及专用肥,春秋季适时施肥。施肥时宜采用埋施或水施的方法,肥料不宜裸露;应避免肥料触及叶片,施完后应及时浇水。根据灌木的种类、用途不同酌情施肥;色块灌木和绿篱每年追肥至少1次。

施肥时应符合下列要求:①休眠期宜施有机肥作基肥。②生长期宜施缓释型肥料。③花灌木施追肥应在开花前后。④叶面施肥宜在无风、无雨天的早晨或傍晚进行。

施肥可采用环施、穴施或沟施方式。环施应在树冠正投影线外缘,深度和宽度一般为30~35 cm。挖施肥沟(穴)应避免伤根。施有机肥必须经充分腐熟,化肥不得结块,酸性化肥与碱性化肥不得混用。阔叶类乔灌木叶面喷肥浓度宜控制在0.2%~0.3%。针叶树种宜施苗根肥。采取促花、抑花、催熟、抑熟、矮化等特殊措施时,可选用激素、催熟剂、生长抑制剂等进行调节控制。

3. 修剪

常绿灌木除特殊造型外,应及时剪除徒长枝、交叉枝、并生枝、下垂枝、萌蘖枝、病虫枝及枯死枝。观花灌木应根据花芽发育规律,对当年新梢上开花的花灌木于早春萌发前修剪,短截上年的已开花枝条,促进新枝萌发。对当年形成花芽,次年早春开花的花灌木,应在开花后适度修剪,对着花率低的花灌木,应保持培养老枝,剪去过密新枝,造型灌木(含色块灌木)的修剪,按规定的形状和高度进行,做到形状轮廓线条清晰、表面平整圆滑。灌木过高影响景观效果时应进行强度修剪,宜在休眠期进行;修剪后剪口或锯口应平整光滑,不得劈裂,不留短桩,剪口应涂抹保护剂。绿篱修剪应做到上小下大,篱顶、两侧篱壁三面光滑;还应严格按安全操作技术要求进行,并及时清理剪除的枝条、落叶。

树木修剪应符合以下基本要求:①剪口应平滑,不得撕裂表皮,从基部剪去的枝条不得留橛。②进行枝条短截时,所留剪口芽应能向所需方向生长,剪口位置应在剪口芽1 cm处。③截除干径在5 cm以上的枝干,应涂保护剂。④因特殊原因必须对树木进行强剪时,修剪部位应控制在主干分枝点以上,剪口应平滑,不得劈裂,茬口必须涂保护剂。

花灌木修剪应符合以下特殊规定:①具有蔓生、匍匐生长习性的花灌木(如连翘、迎春、小叶荀子),应以疏剪为主。②春季先花后叶的灌木,应于开花后再进行春梢修剪,春梢留芽以 3～5 个为宜。③夏秋季开花的花灌木(如木槿、珍珠梅、锦带花等)应在早春芽萌动前修剪,花后修剪枝条以留芽 3～5 个为宜。④顶芽开花灌木(如紫丁香等)不宜进行短截。⑤多年生老枝上开花灌木(如紫荆等),应培养老枝,剪除过密的新枝和枯枝。

4. 中耕除草

应适时中耕、松土,以不影响根系和损伤树皮为限,深度宜为 5～10 cm。灌丛下、花丛中的杂草、藤本植物应及时铲除,根部附近的土壤应保持疏松。清除的杂草应及时运出。

5. 补植与改植

枯死的树木,应连根及时挖除,并选规格相近、品种相同的新苗木补植。新补植的树木应视情况做加固性保护。补植的时间应按照城市绿化补植工程的计划完成,并根据不同树木移栽的最佳时机确定。在树木生长期内移植时,应在不影响植物株形的情况下修剪部分枝条和叶片。对已老化或明显与周围环境景观不协调的灌木应及时进行改植。新补植的树木应施足基肥并加强浇水,保证成活率达到 100%。特殊环境下的树木应采取以下保护措施:①车流量、人流量大的地方,应设围栏或树池保护板。②处在施工现场内的树木应用竹片等材料包扎。

6. 防风、防寒及防意外

防风、防寒设施应坚固、美观、整洁,无撕裂翻卷现象。在秋季做好排水工作,停止施肥,控制灌水,促进枝干木质化,增强抗寒能力。需要冬季防寒的树木应采取必要的防寒措施。防寒风障应在迎风面搭设,高度应超过株高,风障架设必须牢固、美观。不耐寒的树木要用防寒材料包扎主干或包裹树冠防寒。如遇到下雪天气应及时清除树枝、树杈上的积雪,无积雪压弯、压伤、压折枝条现象。遇雷电、风雨、人畜危害而使树木歪斜或倒树断枝,应立即处理并疏通道路。

计划单

学习领域		园林植物生产技术		
学习项目	项目 3	灌木生产技术		
	任务 1	常绿灌木生产技术（以海桐为例）	学时	20
计划方式		学生计划、教师引导		

序号	实施步骤	使用资料

制订计划说明	

计划评价	班级		第 组	组长签名	
	教师签名			日期	
	评语：				

决策单

学习领域		园林植物生产技术			
学习项目	项目 3	灌木生产技术			
	任务 1	常绿灌木生产技术(以海桐为例)		学时	20

方案讨论：

	序号	任务耗时	任务耗材	实现功能	实施难度	安全可靠性	环保性	综合评价
方案对比								

方案评价	评语：

班级		组长签名		教师签名		年 月 日

材料工具清单

学习领域	园林植物生产技术			
学习项目	项目3	灌木生产技术		
	任务1	常绿灌木生产技术（以海桐为例）	学时	20
序号	名称	数量	使用前	使用后

实施单

学习领域	园林植物生产技术			
学习项目	项目 3	灌木生产技术		
	任务 1	常绿灌木生产技术（以海桐为例）	学时	20
实施方式	小组合作、动手实践			

序号	实施步骤	使用资源

实施说明	
班级		第　　组	组长签名	
教师签名			日期	

作业单

学习领域	园林植物生产技术			
学习项目	项目3	灌木生产技术		
	任务1	常绿灌木生产技术（以海桐为例）	学时	20
作业方式	资料查阅、现场操作			
1	灌木海桐应采用哪种育苗方式？请说明理由。			
作业解答				
2	海桐所采用的育苗方式具体操作步骤如何？			
作业解答				
3	海桐栽植步骤及注意事项有哪些？			
作业解答				
4	海桐养护管理的内容主要包括哪些？			
作业解答				
作业评价	学号		姓名	
	班级		第　组	组长签名
	教师签名		教师评分	
	评语：			

检查单

学习领域		园林植物生产技术		
学习项目	项目 3	灌木生产技术		
	任务 1	常绿灌木生产技术（以海桐为例）	学时	20

序号	检查项目	检查标准	学生自查	教师检查
1	资讯问题	回答认真准确		
2	海桐育苗方式选择	正确合理		
3	育苗成果	操作正确熟练		
4	栽培过程及注意事项	梳理完整规范		
5	养护工作	工作月历编写全面合理		
6	团队协作	小组成员分工明确、积极参与		
7	所用时间	在规定时间内完成布置的任务		

检查评价	班级		第　　组	组长签名	
	教师签名			教师评分	
	评语：				

评价单

学习领域	园林植物生产技术			
学习项目	项目3	灌木生产技术		
	任务1	常绿灌木生产技术(以海桐为例)	学时	20
项目类别	检查项目	学生自评	组内互评	教师评价
专业能力(60%)	资讯(10%)			
	计划(10%)			
	实施(15%)			
	检查(10%)			
	过程(5%)			
	结果(10%)			
社会能力(20%)	团队协作(10%)			
	敬业精神(10%)			
方法能力(20%)	计划能力(10%)			
	决策能力(10%)			
检查评价	班级		第 组	组长签名
	教师签名		教师评分	
	评语:			

教学反馈单

学习领域		园林植物生产技术			
学习项目	项目3	灌木生产技术			
	任务1	常绿灌木生产技术(以海桐为例)		学时	20
序号	调查内容		是	否	理由陈述
1	你是否明确本学习任务的学习目标?				
2	你是否完成本学习任务?				
3	你是否达到了本学习任务对学生的要求?				
4	资讯的问题,你是否都能回答?				
5	你是否熟悉灌木的生长发育规律?				
6	你是否能正确进行播种育苗?				
7	你是否掌握了扦插育苗技术?				
8	你是否熟悉嫁接的各种方法?				
9	你是否熟悉灌木的栽植技术?				
10	你是否熟悉灌木养护的内容?				
11	你是否独立完成了灌木养护的工作月历的编写?				
12	你是否喜欢这种上课方式?				
13	通过几天的工作学习,你对自己的表现是否满意?				
14	你对本小组成员之间的合作是否满意?				
15	你认为本学习任务还应学习哪些方面的内容?(请在下方意见栏中填写)				
16	学习本学习任务后,你还有哪些问题不明白?哪些问题需要解决?(请在下方意见栏中填写)				
你的意见对改进教学非常重要,请写出你的意见与建议。					
被调查人签名			调查时间		

任务 2　落叶灌木生产技术

任务单

学习领域	园林植物生产技术		
学习项目	项目 3	灌木生产技术	
	任务 2	落叶灌木生产技术(以紫荆为例)	学时　15
布置任务			
学习目标	(1)掌握灌木生长规律,熟悉其各生长阶段的特性及需求。 (2)熟悉灌木(紫荆)的生产苗圃地准备、育苗技术、栽培技术、养护技术。 ①学会运用播种繁殖技术培育实生苗; ②能够利用扦插技术培育扦插苗; ③能够根据不同嫁接方式,获得嫁接苗; ④能够进行高空压条,获得新苗木; ⑤学会对实生苗、营养繁殖苗进行养护管理。 (3)了解落叶灌木园林应用形式。		
任务描述	1. 工作任务:紫荆的育苗、栽植、养护  2. 完成工作任务需要学习以下主要内容 (1)熟悉紫荆生长发育规律; (2)确定紫荆繁殖可以采用哪些方式; (3)掌握紫荆栽植的过程及注意事项; (4)熟悉紫荆养护管理的内容。		

学时安排	资讯6,计划1,决策2,实施4,检查1,评价1。
提供资料	(1)潘利主编的《园林植物栽培与养护》(机械工业出版社2015年出版); (2)成海钟、陈立人主编的《园林植物栽培与养护》(中国农业出版社2015年出版); (3)唐蓉、李瑞昌主编的《园林植物栽培与养护》(科学出版社2014年出版); (4)佘远国主编的《园林植物栽培与养护管理》(机械工业出版社2009年出版); (5)龚维红主编的《园林植物栽培与养护》(中国建材工业出版社2012年出版); (6)魏岩主编的《园林植物栽培与养护》(中国科学技术出版社2003年出版); (7)庞丽萍、苏小惠主编的《园林植物栽培与养护》(黄河水利出版社2012年出版); (8)石进朝主编的《园林植物栽培与养护》(中国农业大学出版社2012年出版); (9)罗镪主编的《园林植物栽培与养护(第3版)》(重庆大学出版社2016年出版)。
对学生的要求	**1. 知识技能要求** (1)熟悉灌木各阶段生长发育的特性; (2)列出落叶灌木播种繁殖的操作步骤,学会播种繁殖; (3)列出落叶灌木扦插繁殖的操作步骤,学会扦插繁殖; (4)列出落叶灌木嫁接繁殖的操作步骤,学会嫁接繁殖; (5)列出落叶灌木繁殖后的栽植过程及步骤; (6)列出落叶灌木大树移植的栽植过程; (7)学会对落叶灌木紫荆进行养护管理,列出养护管理的具体内容; (8)本任务结束时需上交2种不同繁殖方法的操作方案,以及相应的栽植、养护、管理方案,要按时、按要求完成。 **2. 生产安全要求** 严格遵守操作规程,注意自身安全。 **3. 职业行为要求** (1)着装整齐; (2)遵守课堂纪律; (3)具有团队合作精神; (4)按时清洁、归还工具。

资讯单

学习领域	园林植物生产技术			
学习项目	项目3	灌木生产技术		
	任务2	落叶灌木生产技术(以紫荆为例)	学时	15
资讯方式	学生自主学习、教师引导			
资讯问题	(1)落叶灌木的生命周期中,各阶段有哪些特点? (2)紫荆的生长有哪些特殊的要求? (3)紫荆的播种繁殖应如何进行?如何提高其发芽率? (4)落叶灌木的扦插应如何进行?紫荆能否用扦插繁殖?如可以用扦插繁殖,应选择硬枝扦插还是软枝扦插? (5)落叶灌木嫁接繁殖有哪些方式?应如何操作?紫荆繁殖能否用嫁接,如果可以,应选择哪种树种作为砧木? (6)灌木的压条繁殖有哪些类型?应如何操作?紫荆能否用压条进行繁殖?如不能,说明理由;如能,请阐述具体的操作方式。 (7)对于紫荆,选择2种繁殖率高的方式,撰写操作步骤,并进行实践操作,完成作品。 (8)紫荆繁殖苗应如何进行栽培管理?阐述其栽培管理的技术要点。 (9)紫荆大苗应如何进行移植?阐述其具体操作过程。 (10)紫荆养护管理的具体内容有哪些?撰写紫荆养护的工作月历。			
资讯引导	(1)灌木的生长规律参阅潘利主编的《园林植物栽培与养护》(机械工业出版社2015年出版); (2)园林植物的各种繁殖方法,播种、扦插、嫁接、压条等具体操作方法参阅成海钟、陈立人主编的《园林植物栽培与养护》(中国农业出版社2015年出版); (3)园林植物的栽植及养护管理内容参阅龚维红主编的《园林植物栽培与养护》(中国建材工业出版社2012年出版)与魏岩主编的《园林植物栽培与养护》(中国科学技术出版社2003年出版); (4)各种繁殖方法及栽植过程,参见相关网络视频。			

信息单

学习领域		园林植物生产技术		
学习项目	项目3	灌木生产技术		
	任务2	落叶灌木生产技术（以紫荆为例）	学时	15
资讯方式		学生自主学习、教师引导		
		信息内容		

紫荆,豆科紫荆属,原产于中国。皮果木花皆可入药,其种子有毒。

一、形态特征

丛生或单生灌木,高2~5 m;树皮和小枝灰白色。叶近圆形或三角状圆形,长5~10 cm,宽与长相若或略短于长,先端急尖,基部浅至深心形,两面通常无毛,嫩叶绿色,仅叶柄略带紫色,叶缘膜质透明,新鲜时明显可见。花紫红色或粉红色,2~10余朵成束,簇生于老枝和主干上,尤以主干上花束较多,越到上部幼嫩枝条则花越少,通常先于叶开放,但嫩枝或幼株上的花则与叶同时开放,花长1~1.3 cm,花梗长3~9 mm,龙骨瓣基部具深紫色斑纹,子房嫩绿色,花蕾时光亮无毛,后期则密被短柔毛,有胚珠6~7颗。荚果扁狭长形,绿色,长4~8 cm,宽1~1.2 cm,翅宽约1.5 mm,先端急尖或短渐尖,喙细而弯曲,基部长渐尖,两侧缝线对称或近对称,果颈长2~4 mm,种子2~6颗,阔长圆形,长5~6 mm,宽约4 mm,黑褐色,光亮。花期3—4月,果期8—10月。

二、生长习性

暖带树种,较耐寒。喜光,稍耐阴。喜肥沃、排水良好的土壤,不耐湿。萌芽力强,耐修剪。

三、分布范围

产于我国东南部,北至河北、南至广东、广西、西至云南、四川,西北至陕西,东至浙江、江苏和山东等省区均有栽植。为常见的栽培植物,多植于庭院、屋旁、寺街边,少数生于密林或石灰岩地区。

四、繁殖方法

1. 播种

9月至10月收集成熟荚果,取出种子,埋于干沙中置阴凉处越冬。次年3月下旬到4月上旬播种,播前进行种子处理,这样才能使苗齐苗壮。用60 ℃温水浸泡种子,水凉后继续泡3~6 d。每天需要换凉水一次,种子吸水膨胀后,放在15 ℃环境中催芽,每天用温水淋浇1次至2次,待露白后播于苗床,2周可齐苗,出苗后适当间苗。有4片真叶时可移植于苗圃中,畦地以疏松肥沃的壤土为好。为便于管理,栽植实行宽窄行,宽行60 cm,窄行40 cm,株距30~40 cm。幼苗期不耐寒,冬季需用塑料拱棚保护越冬。

2. 分株

紫荆根部易产生根蘖。秋季10月份或春季发芽前用利刃断蘖苗和母株连接的侧根另植,容易成活。秋季分株的应假植保护越冬,春季3月定植。一般第二年可开花。

3. 压条

在其生长季节都可进行压条,以3月至4月较好。空中压条法可选1年至2年生枝条,用利刃刻伤并环剥树皮1.5 cm左右,露出木质部,将生根粉液(按说明稀释)涂在刻伤部位上方3 cm左右,待干后用筒状塑料袋套在刻伤处,装满疏松园土,浇水后两头扎紧即可。一月后检查,如土过干可补水保湿,生根后剪下另植。

灌丛型树可选外围较细软、1年至2年生枝条将基部刻伤,涂以生根粉液,急弯后埋入土中,上压砖石固定,顶梢可用棍支撑扶正。一般第二年3月分割另植。有些枝条当年不生根,可继续埋压,第二年可生根。

4. 扦插

在夏季的生长期进行,剪去当年生的嫩枝作插穗,插于沙土中也可成活,但生产中不常用。

5. 嫁接

可用长势强健的普通紫荆、巨紫荆做砧木,但由于巨紫荆的耐寒性不强,故北方地区不宜使用。以加拿大红叶紫荆等优良品种的芽或枝做接穗,接穗要求品种纯正、长势旺盛,选择无病虫害或少病虫害的植株向阳面外围的充实枝条,接穗采集后剪除叶片,及时嫁接。可在4月至5月和8月至9月用枝接的方法,7月用芽接的方法进行。如果天气干旱,嫁接前1~2 d应灌一次透水,以提高嫁接成活率。

五、养护管理

1. 水肥管理

紫荆喜湿润环境,种植后应立即浇头水,第三天浇二水,第六天后浇三水,三水过后视天气情况浇水,以保持土壤湿润、不积水为宜。夏天及时浇水,并可对叶片喷雾,雨后及时排水,防止水大烂根。入秋后如气温不高应控制浇水,防止秋发。入冬前浇足防冻水。翌年3月初浇返青水,除7月和8月视降水量确定是否浇水外,4月至10月每月浇一次透水,入冬前浇防冻水。第三年使用同样的方法浇灌,第四年进入正常管理,但防冻水和返青水要浇足浇透。如条件允许,4月中下旬和9月下旬浇一次透水,其他季节可自然生长。有人认为紫荆耐旱、怕淹,其实紫荆是喜湿润环境的,只不过不能在积水状态下生长。

紫荆喜肥,肥足则枝繁叶茂,花多色艳,缺肥则枝稀叶疏,花少色淡。应在定植时施足底肥,以腐叶肥、圈肥或烘干鸡粪为好,与种植土充分拌匀再用,否则根系会被烧伤。正常管理后,每年花后施一次氮肥,使长势旺盛,初秋施一次磷钾复合肥,利于花芽分化和新生枝条木质化后安全越冬。初冬结合浇冻水,施用牛马粪。植株生长不良可于叶面喷施0.2%浓度的磷酸二氢钾溶液和0.5%浓度的尿素溶液。

2. 整形修剪

紫荆在园林中常作为灌丛使用,故从幼苗抚育开始就应加强修剪,以利形成良好株形。

幼苗移栽后可轻短截,促其多生分枝,扩大营养面积,积累养分,发展根系。翌春可重短截,使其萌生新枝,选择长势较好的3个枝保留,其余全部剪除。生长期内加强水肥管理,对留下的枝条摘心。定植后将多生萌蘖及时疏除,加强对头年留下的枝条的抚育,多进行摘心处理,以便多生二次枝。

在栽培中要加强对开花枝的更新。实践证明,超过 5 年的老枝,着花量较少,而且花芽上移,影响观赏,故应及时更新。

3. 病害防治

1) 紫荆角斑病

症状:主要发生在叶片上,病斑呈多角形,黄褐色至深红褐色,后期着生黑褐色小霉点。严重时叶片上布满病斑,常连接成片,导致叶片枯死脱落。

发病规律:为真菌性病害,病原菌为尾孢菌、粗尾孢菌两种。一般在 7 月至 9 月发生此病。多从下部叶片感病,逐渐向上蔓延扩展。植株生长不良,多雨季节发病重,病原在病叶及残体上越冬。

防治:①秋季清除落地病叶,集中烧毁,减少侵染源。②发病时可喷 50% 多菌灵可湿性粉剂 700 至 1000 倍液,或 70% 代森锰锌可湿性粉剂 800 至 1000 倍液,或 80% 代森锌 500 倍液。10 天喷 1 次,连喷 3 至 4 次有较好的防治效果。

2) 紫荆枯萎病

症状:叶片多从病枝顶端开始出现发黄、脱落,一般先从个别枝条发病,后逐渐发展至整丛枯死。剥开树皮,可见木质部有黄褐色纵条纹,其横断面可见黄褐色轮纹状坏死斑。

发病规律:该病由地下伤口侵入植株根部,破坏植株的维管束组织,造成植株枯萎死亡。此病由真菌中的镰刀菌侵染所致。病菌可在土壤中或病株残体上越冬,存活时间较长。主要通过土壤、地下害虫、灌溉水传播。一般 6 月至 7 月发病较重。

防治:①加强养护管理,增强树势,提高植株抗病能力。②苗圃地注意轮作,避免连作,或在播种前条施 70% 五氯硝基苯粉剂(1.5~2.5 kg/亩)。及时剪除枯死的病枝、病株,集中烧毁,并用 70% 五氯硝基苯或 3% 硫酸亚铁消毒处理。③可用 50% 福美双可湿性粉剂 200 倍液或 50% 多菌灵可湿性粉剂 400 倍液,或用抗真菌素 120 水剂 100 mg/kg 的药液灌根。

3) 紫荆叶枯病

症状:主要危害叶片;初期病斑呈红褐色、圆形,多在叶片边缘,连片并扩展成不规则形大斑,至大半或整个叶片呈红褐色枯死。后期病部产生黑色小点。

发病规律:为真菌病害,病菌以菌丝或分生孢子器在病叶上越冬。植株过密,易发此病。一般 6 月开始发病。

防治:①秋季清除落地病叶,集中烧毁。②展叶后用 50% 多菌灵可湿性粉剂 800 至 1000 倍液,或 50% 甲基硫菌灵(甲基托布津) 500 至 1000 倍喷雾,10~15 d 喷一次,连喷 2~3 次。

4. 虫害防治

1) 大蓑蛾

①秋冬摘除树枝上的越冬虫囊。②6 月下旬至 7 月,在幼虫孵化初期喷敌百虫 800 至 1200 倍液。③保护其天敌寄生蜂、寄生蝇等。

2) 褐边绿刺蛾

①秋冬结合浇封冻水,在植株周围浅土层挖灭越冬茧。②少量发生时及时剪除虫叶。③幼虫发生早期,以敌敌畏、敌百虫、杀螟松等杀虫剂 1000 倍液喷杀。

3) 蚜虫

可用 40% 乐果乳油 1000 倍液喷杀。

计 划 单

学习领域	园林植物生产技术			
学习项目	项目 3	灌木生产技术		
	任务 2	落叶灌木生产技术(以紫荆为例)	学时	15
计划方式	学生计划、教师引导			

序号	实施步骤	使用资料

制订计划说明	

计划评价	班级		第 组	组长签名	
	教师签名			日期	
	评语:				

决策单

学习领域	园林植物生产技术			
学习项目	项目3	灌木生产技术		
	任务2	落叶灌木生产技术（以紫荆为例）	学时	15

方案讨论：

	序号	任务耗时	任务耗材	实现功能	实施难度	安全可靠性	环保性	综合评价
方案对比								

方案评价	评语：

| 班级 | | 组长签名 | | 教师签名 | | 年 月 日 |

材料工具清单

学习领域	园林植物生产技术			
学习项目	项目3	灌木生产技术		
	任务2	落叶灌木生产技术（以紫荆为例）	学时	20
序号	名称	数量	使用前	使用后

实施单

学习领域		园林植物生产技术		
学习项目	项目 3	灌木生产技术		
	任务 2	落叶灌木生产技术(以紫荆为例)	学时	15
实施方式		小组合作、动手实践		

序号	实施步骤	使用资源

实施说明	

班级		第 组	组长签名	
教师签名			日期	

作业单

学习领域	园林植物生产技术			
学习项目	项目3	灌木生产技术		
	任务2	落叶灌木生产技术（以紫荆为例）	学时	15
作业方式	资料查阅、现场操作			
1	紫荆应采用哪种育苗方式？请说明理由。			
作业解答				
2	紫荆所采用的育苗方式具体操作步骤如何？			
作业解答				
3	紫荆的栽植步骤及注意事项有哪些？			
作业解答				
4	紫荆养护管理的内容主要包括哪些？			
作业解答				
作业评价	学号		姓名	
	班级		第 组	组长签名
	教师签名		教师评分	
	评语：			

检查单

学习领域		园林植物生产技术		
学习项目	项目3	灌木生产技术		
	任务2	落叶灌木生产技术（以紫荆为例）	学时	15
序号	检查项目	检查标准	学生自查	教师检查
1	资讯问题	回答认真准确		
2	紫荆育苗方式选择	正确合理		
3	育苗成果	操作正确熟练		
4	栽培过程及注意事项	梳理完整规范		
5	养护工作	工作月历编写全面合理		
6	团队协作	小组成员分工明确、积极参与		
7	所用时间	在规定时间内完成布置的任务		

检查评价	班级		第　　组	组长签名	
	教师签名			教师评分	
	评语：				

评价单

学习领域	园林植物生产技术			
学习项目	项目 3	灌木生产技术		
	任务 2	落叶灌木生产技术(以紫荆为例)	学时	15

项目类别	检查项目	学生自评	组内互评	教师评价
专业能力 (60%)	资讯(10%)			
	计划(10%)			
	实施(15%)			
	检查(10%)			
	过程(5%)			
	结果(10%)			
社会能力 (20%)	团队协作(10%)			
	敬业精神(10%)			
方法能力 (20%)	计划能力(10%)			
	决策能力(10%)			
检查评价	班级		第 组	组长签名
	教师签名		教师评分	
	评语:			

教学反馈单

学习领域	园林植物生产技术			
学习项目	项目3	灌木生产技术		
	任务2	落叶灌木生产技术（以紫荆为例）	学时	15
序号	调查内容	是	否	理由陈述
1	你是否明确本学习任务的学习目标？			
2	你是否完成本学习任务？			
3	你是否达到了本学习任务对学生的要求？			
4	资讯的问题，你是否都能回答？			
5	你是否熟悉落叶灌木的生长发育规律？			
6	你是否能正确进行播种育苗？			
7	你是否掌握了扦插育苗技术？			
8	你是否熟悉嫁接的各种方法？			
9	你是否熟悉落叶灌木的栽植技术？			
10	你是否熟悉落叶灌木养护的内容？			
11	你是否独立完成了落叶灌木养护的工作月历的编写？			
12	你是否喜欢这种上课方式？			
13	通过几天的工作学习，你对自己的表现是否满意？			
14	你对本小组成员之间的合作是否满意？			
15	你认为本学习任务还应学习哪些方面的内容？（请在下方意见栏中填写）			
16	学习本学习任务后，你还有哪些问题不明白？哪些问题需要解决？（请在下方意见栏中填写）			
你的意见对改进教学非常重要，请写出你的意见与建议。				
被调查人签名		调查时间		

项目 4 乔木生产技术

任务 1 常绿乔木生产技术

任务单

学习领域	园林植物生产技术			
学习项目	项目 4	乔木生产技术		
	任务 1	常绿乔木生产技术(以桂花为例)	学时	20
布置任务				
学习目标	(1)掌握常绿乔木生长规律,熟悉其各生长阶段的特性及需求。 (2)熟悉常绿乔木(以桂花为例)的生产苗圃地准备、育苗技术、栽培技术、养护技术。 ①学会运用播种繁殖技术培育实生苗; ②能够利用扦插技术培育扦插苗; ③能够根据不同嫁接方式,获得嫁接苗; ④能够进行高空压条,获得新苗木; ⑤学会对实生苗、营养繁殖苗进行养护管理。 (3)了解常绿乔木的园林应用形式。			
任务描述	1. 工作任务:桂花苗木的生产、栽植、养护 			

2. 完成工作任务需要学习以下主要内容

(1) 熟悉桂花生长发育规律;

(2) 确定桂花繁殖可以采用哪些方式;

(3) 掌握桂花栽植的过程及注意事项;

(4) 熟悉桂花养护管理的内容。

学时安排	资讯 2,计划 2,决策 2,实施 10,检查 2,评价 2。
提供资料	(1)潘利主编的《园林植物栽培与养护》(机械工业出版社 2015 年出版); (2)成海钟、陈立人主编的《园林植物栽培与养护》(中国农业出版社 2015 年出版); (3)唐蓉、李瑞昌主编的《园林植物栽培与养护》(科学出版社 2014 年出版); (4)佘远国主编的《园林植物栽培与养护管理》(机械工业出版社 2009 年出版); (5)龚维红主编的《园林植物栽培与养护》(中国建材工业出版社 2012 年出版); (6)魏岩主编的《园林植物栽培与养护》(中国科学技术出版社 2003 年出版); (7)庞丽萍、苏小惠主编的《园林植物栽培与养护》(黄河水利出版社 2012 年出版); (8)石进朝主编的《园林植物栽培与养护》(中国农业大学出版社 2012 年出版); (9)罗锫主编的《园林植物栽培与养护(第 3 版)》(重庆大学出版社 2016 年出版)。
对学生的要求	**1. 知识技能要求** (1)熟悉常绿乔木各阶段生长发育的特性; (2)列出常绿乔木播种繁殖操作步骤,学会播种繁殖; (3)列出常绿乔木扦插繁殖操作步骤,学会扦插繁殖; (4)列出常绿乔木嫁接繁殖操作步骤,学会嫁接繁殖; (5)列出常绿乔木繁殖后的栽植过程及步骤; (6)列出常绿乔木大树移植的栽植过程; (7)学会对常绿乔木桂花进行养护管理,列出养护管理的具体内容; (8)本任务结束时应上交 2 种不同繁殖方法的操作方案,以及相应的栽植、养护、管理方案,要按时、按要求完成。 **2. 生产安全要求** 严格遵守操作规程,注意自身安全。 **3. 职业行为要求** (1)着装整齐; (2)遵守课堂纪律; (3)具有团队合作精神; (4)按时清洁、归还工具。

资讯单

学习领域	园林植物生产技术			
学习项目	项目4	乔木生产技术		
	任务1	常绿乔木生产技术(以桂花为例)	学时	20
资讯方式	学生自主学习、教师引导			
资讯问题	(1)常绿乔木的生命周期中,各阶段有哪些特点？ (2)桂花的生长有哪些特殊的要求？ (3)桂花的播种繁殖应如何进行？如何提高其发芽率？ (4)常绿乔木的扦插应如何进行？桂花能否用扦插繁殖？如果可以用扦插繁殖,应选择硬枝扦插还是软枝扦插？ (5)常绿乔木嫁接繁殖有哪些方式？应如何操作？桂花繁殖能否用嫁接？如果可以,应选择哪种树种作为砧木？ (6)常绿乔木的压条繁殖有哪些类型？应如何操作？桂花能否用压条进行繁殖？如不能,说明理由；如能,请阐述具体的操作方式。 (7)对于桂花,选择2种繁殖率高的方式,撰写操作步骤,并进行实践操作,完成作品。 (8)繁殖苗应如何进行栽培管理？阐述其栽培管理的技术要点。 (9)桂花大苗应如何进行移植？阐述其具体操作过程。 (10)桂花养护管理的具体内容有哪些？撰写桂花养护的工作月历。			
资讯引导	(1)常绿乔木的生长规律参阅潘利主编的《园林植物栽培与养护》(机械工业出版社2015年出版)； (2)园林植物的各种繁殖方法,播种、扦插、嫁接、压条等具体操作方法参阅成海钟、陈立人主编的《园林植物栽培与养护》(中国农业出版社2015年出版)； (3)园林植物的栽植及养护管理内容参阅龚维红主编的《园林植物栽培与养护》(中国建材工业出版社2012年出版)与魏岩主编的《园林植物栽培与养护》(中国科学技术出版社,2003年出版)； (4)各种繁殖方法及栽植过程,参见相关网络视频。			

信息单

学习领域	园林植物生产技术		
学习项目	项目4	乔木生产技术	
	任务1	常绿乔木生产技术（以桂花为例）	学时 20
资讯方式	学生自主学习、教师引导		
信息内容			

一、常绿乔木播种育苗

(一)播种前的准备工作

1. 播种前种子的处理

(1)种子精选：风选、筛选、水选、粒选。

(2)种子晾晒。

(3)种子消毒：①硫酸铜、高锰酸钾溶液浸种；②甲醛(福尔马林)溶液浸种；③药剂拌种；④升汞(氯化汞)溶液浸种；⑤石灰水浸种；⑥五氯硝基苯混合剂施用。

(4)种子催芽。

①种子催芽的目的：提高种子发芽率，缩短发芽时间，使种子出苗整齐，同时可减少播种量，节约成本；还有利于种苗的统一抚育管理。

②常用催芽方法：a.清水浸种，生产上有温水浸种和热水浸种两种方法。温水浸种水温以40～50 ℃为宜，浸泡1～3 d。热水浸种水温以60～90 ℃为宜，浸泡12～24 h。b.机械损伤法，常将种子与粗沙、碎石等混合搅拌。c.酸碱处理，常用浓硫酸、氢氧化钠等，生产上常用95%的浓硫酸浸10～120 min，或用10%的氢氧化钠溶液浸24 h左右，浸后必须用清水冲洗干净，以防影响种胚萌发。d.层积处理。

2. 播种前的土壤准备

(1)深翻熟土，改良土壤。

(2)施足有机肥。

(3)土壤消毒：①火焰消毒；②蒸汽消毒；③溴甲烷消毒；④甲醛消毒。

3. 播种时期

(1)春季播种：春播在早春土壤解冻后进行，在幼苗不受晚霜危害的前提下，越早越好。一般南方2—3月，北方3—4月。

(2)秋季播种：秋季是重要的播种季节，一般中粒、大粒种子或种皮坚硬具有休眠特性的园林植物种子，适宜秋播。秋播后，种子在自然条件下完成催芽过程，翌年春天发芽早、出苗齐。如女贞等。

(3)夏季播种：适宜于春夏成熟而又不宜贮藏的种子或生活力弱、易失水丧失发芽力的植物种子。一般随采随播，宜早不宜迟，以保证苗木越冬前能充分木质化。

(4)冬季播种：主要用于南方气候温暖湿润、土壤不结冻地区。

4. 苗木密度和播种量

(1)苗木的密度。针叶树一年生播种苗为 150～300 株/m²；速生针叶树可达 600 株/m²。对阔叶树一年生播种苗，大粒种子或速生树种为 25～120 株/m²，生长速度中等的树种为 60～100 株/m²。

(2)种子的播种量计算。播种量是指单位面积或长度上播种种子的重量。计算播种量的公式是：$X=C\times(A\times W)/(P\times G\times 1000^2)$。大粒种子(千粒重在 700 g 以上)，$C=1$；中小粒种子(千粒重在 3～700 g)，$1<C<2$；极小粒种子(千粒重在 3 g 以下)，$C=10～20$。

5. 播种方法与技术

(1)育苗方式。园林苗圃中的育苗方式可分为苗床育苗和大田式育苗两种。

①苗床育苗：主要用于培育种子小、播种期需要精细管理的植物。

②大田式育苗：主要用于种粒较大、出苗易、播种后管理粗放的园林植物。

平作：指整地后直接进行育苗的方式，适用于多条式带播，有利于育苗操作机械化。

垄作：指在平整好的土地上按一定距离、规格推土成垄，是一种广泛应用的育苗方式，分高垄和低垄两种。

(2)播种前的整地。应细致平坦、上虚下实。

①平地：苗木起出后，常使圃地高低不平，难于耕作，所以要先平整土地。

②耕地：也称翻地、犁地，关键是要掌握好适宜的深度和时间。

③耙地：在耕地以后对表土进行的耕作措施。

④镇压：在深耕过程中遵循"保持熟土在上，生土在下，不乱土层，土肥相融"的原则。

(3)播种方法。

①苗木密度：苗木密度是指单位面积(或单位长度)上苗木的数量。实际上是合理安排苗木群体之间的相互关系，保证在每株苗木生长发育健壮的基础上，获得最大的单位面积产苗量。苗木过密，每株苗木的营养面积过小，通风不良，光照不足，降低了苗木的光合作用，使光合作用的产物减少，表现为苗木细弱，叶量少，根系不发达，侧根少，干物质重量小，顶芽不饱满，易受病虫危害，移植成活率不高等。当苗木过稀时，不仅不能保证单位面积的苗木产量，而且苗木空间过大，土地利用率低，易滋生杂草，增加土壤水分和养分的消耗，给管理工作带来困难。合理的密度可以克服由于过密或过稀而产生的缺点，保证每株苗木在生长发育健壮的基础上获得单位面积(或单位长度)上最大限度的产苗量，从而实现苗木的优质高产。

合理密度是相对的，它因树种、苗木、环境条件不同而异。育苗技术水平不同，育苗密度也不一样。在确定某一树种的苗木密度时，应考虑以下原则，并结合本地区的具体情况而定。

a. 树种的生物学特性。生长快、冠幅大的密度应稀，反之应密些。

b. 苗龄及苗木种类。苗木年龄不同，其密度也不同。一般二年生苗的密度要比一年生苗的小，年龄越大密度越小。

c. 苗圃地的环境条件。土壤、气候和水肥条件好的宜密，条件差的宜稀。

d. 育苗方式及耕作机具。苗床育苗的密度比垄作育苗的密度大，所以产量比垄作高。另外,确定密度还必须考虑苗期管理所使用的机器、机具,以便确定合适的行(带)距。

e.育苗技术水平。育苗技术水平高、管理精细的密度可高些;反之,密度宜稍低。

苗木密度的大小,取决于株行距,尤其是行距的大小。播种苗床一般行距为 8~25 cm,大田式育苗一般为 50~80 cm,行距过小不利于通风透光,也不利于管理。

②播种方法:生产上常用的播种方法有撒播、条播和点(穴)播。

a.撒播:将种子均匀撒在苗床上。用于小粒种子。撒播要均匀,不可过密,撒播后,用筛过的细土覆盖,以埋住种子为宜。优点是产苗量大;缺点是出苗过密,通风透光不良。

b.条播:在苗床上按一定距离开沟,沟底平,沟内播种,覆土镇压。优点是有一定的行间距,光照充足,通风良好,苗木生长健壮,便于机械化操作。

c.点(穴)播:多用于大粒种子,一般每穴播 2~4 粒,待出苗后根据需要确定苗数。优点是节约种子、种苗分布均匀、营养面积大、质量好;缺点是播种费工、单位面积产苗量低。

③播种深度:一般情况下,播种深度以相当于种子直径的 2~3 倍为宜。

(4)播种技术。

①划线。按照一定株行距进行划线。

②开沟与播种。按照划线进行开沟,然后播种。

③覆土。一般情况下,以覆土厚度为种子直径的 2~3 倍为宜。应选用疏松壤土、细沙、草木灰等。

④镇压。压实土壤,使土壤与种子紧密接触,有利于种子发芽。

⑤覆盖:用草帘、薄膜等覆盖在苗床表面,目的是调节土温,保持土壤湿润,防止表土板结,减少杂草等。在幼苗出土后应及时撤除。

(5)播种苗的抚育管理。

播种苗按年生长发育特点分为出苗期、生长初期、速生期和生长后期四个时期。

①出苗期:从种子播种开始到长出真叶、出现侧根为出苗期。

②生长初期:从幼苗出土后能够利用自己的侧根吸收营养和利用真叶进行光合作用维持生长,到苗木开始加速生长为止的时期为生长初期。

③速生期:从幼苗加速生长开始到生长速度下降为止的时期为速生期。

④生长后期:从幼苗速生期结束到落叶进入休眠为止称为生长后期,又称苗木硬化期或成熟期。

(二)苗期管理

(1)覆盖保墒。播种后对床面进行覆盖,能起到保持土壤水分,防止床面板结的作用;用塑料薄膜覆盖,还具有提高土温的作用;通过覆盖,可促使种子早发芽,缩短出苗期,并能提高发芽率,增加合格苗产量。此外覆盖还具有防止鸟害的作用。

(2)间苗和补苗。间苗次数应依苗木的生长速度确定,一般间苗 1~2 次即可,原则是间小留大、去劣留优、间密留稀。

(3)截根和移栽。一般在幼苗长出 4~5 片真叶,苗根尚未木质化时进行截根。截根深度在 5~15 cm 为宜。可用锐利的铁铲、斜刃铁或弓进行,将主根截断。

(4)合理灌溉。播种后如遇干旱季节或出苗时间较长,苗床会失水干燥,因此在管理中要适时适宜地补充水分。灌溉的时间、次数主要应根据土壤含水量、气候条件、树种以及覆土厚度而决定。垄播灌溉,水量不要过大,水流不能过急,并注意水面不能漫过垄背,使垄背土壤既能吸水又不板结。苗床播种,特别是播小粒种子,最好在播种前灌足底水,播种后在不影响种子发芽的情况下,尽量不灌溉;以避免降低土温并造成土壤板结;如需灌溉,也应采用喷灌,以防止种子被冲走和出现淤积。

(5)合理施肥。

①施基肥。一般在耕地前,将腐熟或半腐熟的有机肥料均匀地撒在圃地上,然后随耕地一起翻入土中。在肥料少时也可以在播种或作床前将肥料一起施入土中。施肥的深度一般为 15~20 cm。基肥通常以有机肥为主,也可适当地配合施用不易被固定的矿质肥料,如硫酸铵、氯化钾等。

②施追肥。追肥分为土壤追肥和根外追肥,无论哪种方法都在苗木生长期间使用。土壤追肥可用水肥,如稀释的粪水,可在灌水时一起浇灌。如追施固态肥料,可制成复合球肥或单元素球肥,然后深施,挖穴或开沟均可,一般不要撒施。深施的球肥位置,应在树冠内,即正投影的范围内。

(6)中耕除草。

①中耕。中耕是在苗木生长期间对土壤进行的浅层耕作。中耕可以疏松表土层,减少土壤水分的蒸发,促进土壤空气流通,有利于微生物的活动,提高土壤中有效养分的利用率,促进苗木生长,中耕通常与除草结合进行。中耕在苗期宜浅,要及时进行。每当灌溉或降雨后,土壤表土稍干即可进行,以减少土壤水分蒸发,避免土壤发生板结和龟裂。随苗木的生长,要根据苗木根系生长情况来确定中耕的深度。

②除草。除草在苗木抚育管理中是一项费时费力的重要工作。杂草与幼苗争肥、争水,严重影响苗木的正常生长,同时杂草也是病虫的根源,因此在整个育苗过程中都要及时做好除草工作。除草可以采用人工除草、机械除草和化学除草等方法。

(7)越寒防冻。苗木的组织幼嫩,尤其是秋梢部分,入冬时如不能完全木质化,抗寒力低,易受冻害,早春幼苗出土或萌芽时,也最易受晚霜的危害。

①幼苗受冻害的原因。

a.低温。低温使苗木组织结冰,细胞的原生质脱水,损坏了植物体的生理机能而死亡或受伤。

b.生理干旱。由于冬季土壤冻结,根系吸水少,冬春相交时气候干旱,幼苗蒸腾量相对增加,苗木体内水分失去平衡而干梢或枯死。

c.机械损伤。冬季土壤冻结,体积膨胀,易将苗根拔起或因土壤冻结形成裂缝而将苗根拉断,再经风吹日晒而使苗木枯死,尤其是在低洼地或黏重土上更为严重。

②苗木的防寒措施。

a.增加苗木的抗寒能力。适时早播,延长生长季,在生长季后期多施磷、钾肥,减少灌水,促使苗木生长健壮、枝条充分木质化,提高抗寒能力,亦可进行夏秋修剪、打梢等措施,促进苗木停止生长,使组织充实,抗寒能力增加。

b. 预防霜冻,保护苗木越冬。

埋土和培土。在土壤封冻前,将小苗顺着有害风向依次按倒用土埋上,土厚一般在 10 cm 左右,翌春土壤解冻时除去覆土并灌水,此法安全经济,一般能按倒的幼苗均可采用。较大的苗木,不能按倒的可在根部培土,亦有良好效果。

苗木覆盖。冬季用稻草或落叶等把幼苗全部覆盖起来,次春撤除覆盖物,此法与埋土法类似,可用于埋土有困难或易腐烂的树种。

搭霜棚。霜棚又称暖棚,做法与荫棚相似,但棚不透风,白天打开、夜晚盖好。目前许多地区使用塑料棚,上面盖有草帘等,也有的使用塑料大棚来保护小苗过冬。

设风障。华北、东北等地区,普遍采用风障防寒,即用高粱秆、玉米秆、竹竿、稻草等,在苗木北侧与主风方向垂直的地方架设风障,两排风障间的距离,依风速的大小而定,一般风障防风距离为风障高度的 2～10 倍。风障可降低风速,充分利用太阳的热能,提高风障前的地温和气温,减轻或防止苗木冻害,同时可以增加积雪,预防春旱。

灌冻水。入冬前将苗木灌足冻水,增加土壤湿度,保持土壤温度,使苗木抗风能力增加,降低梢条受冻害的可能性,灌冻水时间不宜过早,一般在封冻前进行,灌水量应大。

假植。结合翌春移植,将苗木在入冬前掘出,按不同规格分级埋入假植沟中或在窖中假植,此法安全可靠,既是移植前必做的一项工作,又是较好的防寒方法,是育苗中常采用的一种防寒方法。

其他防寒方法。依不同的苗木及各地的实际情况,也可采用熏烟、涂白、窖藏等防寒方法。

二、常绿乔木嫁接育苗

嫁接是指有目的地利用两种植物能结合在一起的能力,将一种植物的枝或芽接到另一种植物的茎(枝)或根上,使之愈合生长在一起,形成一个独立植株的繁殖方法。供嫁接用的枝、芽称接穗(接芽);承受接穗或接芽的植株(根株、根段或枝段)叫砧木。用枝条作接穗的称枝接;用芽作接穗的称芽接。通过嫁接繁殖的苗木称为嫁接苗。

(一)嫁接的作用

(1)保持植物品质的优良特性,提高观赏价值。嫁接能保存植物的优良性状。

(2)增加抗性和适应性。砧木能使嫁接品种适应不良环境,提高嫁接苗抗性,扩大栽培范围,如提高抗寒、抗旱、抗盐碱及抗病虫害的能力。如碧桃嫁接在山桃上,长势旺盛,易形成高大植株;嫁接在寿星桃上,形成矮小植株。

(3)提早开花结果。使观花观果及果树提早开花结果,材用树种提前成材。接穗采自进入开花结果期的成龄树,接后愈合和恢复生长,很快开花结果。

(4)克服不易繁殖现象。没有种子或种子极少的植物、扦插繁殖难或扦插后发育不良的植物,适于嫁接繁殖。如园林树木中的重瓣品种,果树中的无核葡萄、无核柑橘、柿子等。

(5)扩大繁殖系数。砧木以种子繁殖,可获得大量砧木,可用少量的接穗在短时间内获得大量苗木,尤其是芽变的新品种,采用嫁接的方法可迅速扩大品种的数量。

(6)培育新品种。

①利用"芽变"培育新品种。新品种可能表现出新的优良性状,如高产、品质变好、抗病虫能力增强等。如龙爪槐是利用国槐芽变嫁接选育而成的。

②进行嫁接育种:通过砧穗间的相互影响产生变异,从而产生新的优良性状。

③进行无性接近:先将两亲本嫁接,使生理上互相接近,再授粉杂交,常能成功。

(7)恢复树势、治救创伤、补充缺枝、更新品种。衰老树木可通过桥接、寄根接,促进生长,挽回树势;树冠出现偏冠、中空,可嫁接调整枝条方向,使树冠丰满、树形美观;品种不良的植物可更换品种;雌雄异株的植物可用嫁接改变植株的雌雄;可使一树多种、多头、多花,提高观赏价值。

(8)嫁接繁殖的局限性和不足之处:要求砧木和接穗的亲和力强;单子叶植物嫁接较难成活;嫁接苗寿命较短;操作技术较繁杂,技术要求较高。

(二)嫁接成活的原理与过程

砧穗形成层紧密接合,嫁接时必须接触面平滑,形成层对齐,夹紧,绑牢。

(三)影响嫁接成活的因素

1. 影响嫁接成活的内因

(1)砧穗亲和力:砧穗经嫁接能愈合生长的能力,即砧穗的形态、结构、生理和遗传性彼此相同或相近,能够互相亲和而结合在一起的能力。砧穗亲和力是嫁接成活最基本的条件。亲和力高,嫁接成活率也高,反之,嫁接成活的可能性越小。亲和力的高低与树木亲缘关系的远近有关。一般规律是亲缘关系越近,亲和力越高。品种间嫁接最易接活,种间次之,不同属之间又次之,不同科之间则较困难。

(2)砧穗生活力及树种的生物学特性。一般砧穗生长健壮,营养器官发育充实,体内营养丰富,生长旺盛,形成层细胞分裂活跃,嫁接易成活。砧木选择生长健壮、发育良好的植株,接穗从健壮母树的树冠外围选择发育充实的枝条。柿树、核桃富含单宁,切面易形成单宁氧化隔离层,阻碍愈合。松树类富含松脂,处理不当会影响愈合。砧木和接穗的细胞结构、生长发育速度不同,嫁接易形成"大脚"或"小脚"现象。如黑松上嫁接五针松,女贞上嫁接桂花,均会出现"小脚"现象。

2. 影响嫁接成活的外因

对于外部环境,嫁接苗主要是受到温度和湿度的影响。在适宜的温度、湿度和良好通气的条件下嫁接,利于愈合成活和苗木的生长发育。

(1)温度:在适宜的温度下,愈伤组织形成快且易成活,温度过高或过低,都不适宜愈伤组织的形成。一般植物在 25 ℃左右嫁接最适宜。

(2)湿度:愈伤组织形成、保持接穗的活力都需一定的湿度条件。

(3)光照:对愈伤组织的形成和生长有明显的抑制作用。黑暗条件,利于愈伤组织形成,接后要遮光;低接用土埋,既保湿又遮光。

(4)通气:通气条件可满足砧穗接合部形成层细胞呼吸作用所需的氧气。

3. 嫁接质量

(1)接穗的削面是否平滑。嫁接苗成活的关键因素是砧穗形成层的紧密结合;要求接穗削面平滑。

(2)接穗削面的斜度和长度是否适当。砧穗间同型组织接合面越大,输导组织越易沟通,成活率就越高。

(3)砧穗形成层是否对准。形成层对得越准,成活率越高;嫁接速度快而熟练,可避免削面风干或氧化变色,提高成活率;熟练的嫁接技术和锋利的接刀是嫁接成功的基本条件。

(四)砧木对接穗的影响及砧木、接穗的选择

1. 砧木对接穗的影响

一般能增加嫁接苗的抗性。能使嫁接苗生长旺盛、高大的砧木称为"乔化砧",如山桃、山杏是梅花、碧桃的乔化砧。能使嫁接苗生长势变弱、植株矮小的砧木称为"矮化砧",如寿星桃是桃和碧桃的矮化砧。一般乔化砧能推迟嫁接苗的开花、结果期,延长植株的寿命;矮化砧促进嫁接苗提前开花、结实,缩短植株寿命。

2. 砧穗的选择

(1)砧木的选择:①与接穗亲和力强;②对接穗的生长、开花有良好影响,且生长健壮、丰产、花艳、寿命长;③对栽培地区的环境条件有较强的适应性;④容易繁殖;⑤对病虫害抵抗力强。

(2)接穗的选择:选自性状优良、生长健壮、观赏价值或经济价值高、无病虫害的成年树。

(五)嫁接的准备工作

嫁接前应做好用具用品、砧木和接穗三个方面的准备工作。

(1)用具用品准备。主要包括嫁接刀(分劈接刀、芽接刀)、枝剪、手锯、刀片、湿布、陶罐、绑缚材料、接蜡等。

(2)砧木准备。栽培上嫁接,砧木须于1~3年前播种。

(3)接穗准备。选择树冠外围中上部生长充实、芽体饱满的新梢或一年生发育枝作为接穗。夏季采集的新梢应立即去掉叶片和生长不充实的新梢顶端,只保留叶柄,并及时用湿布包裹,以减少枝条的水分蒸发。将枝条下部浸入水中,放在阴凉处,每天换水1~2次,可短期保存4~5 d。

(六)嫁接方法

嫁接方法按所取材料不同可分为枝接、芽接、根接三大类。

1. 枝接

枝接用于嫁接较粗的砧木或在大树上改换品种。一般在树木休眠期进行,特别是在春季砧木树液开始流动、接穗尚未萌芽时最好。接后苗木生长快、健壮整齐,当年即可成苗;需接穗数量大,可供嫁接时间较短。常用方法有切接、腹接、劈接和插皮接等。

1)切接法

一般用于直径 2 cm 左右的小砧木,如下图所示。

(1)砧木削取:在砧木距地 5 cm 左右处剪断、削平;选较平滑的一面,用切接刀在砧木一侧(略带木质部,在横断面上为直径的 1/5~1/4)垂直向下切,深 2~3 cm。

(2)接穗削取:接穗上保留 2~3 个完整饱满芽,从距下切口最近的芽位背面,用切接刀向内切达木质部(不要超过髓心);向下平行切削到底,切面长 2~3 cm,再于背面末端削成 0.8~1 cm 小斜面。

(3)插入接穗:将削好的接穗,长削面向里插入砧木切口,使双方形成层对准密接;接穗插入的深度以接穗削面上端露出 0.2~0.3 cm 为宜,俗称"露白",有利愈合成活。

(4)绑缚:用塑料条由下向上捆扎紧密,使形成层密接和伤口保湿;接后为保持接口湿度,防止失水干萎,可采用套袋、封土和涂接蜡等措施。

1.一年生枝接穗　　2.削芽侧面、正面,砧木一侧切开　　3.接芽插入接口　　4.塑膜绑扎

切接示意图

2)劈接法

劈接法适用于大部分落叶树种,如下图所示。常在砧木较粗、接穗较小时使用。在砧木离地 5~10 cm 处锯断,用劈接刀从横断面中心下劈,切口长约 3 cm,接穗削成楔形,削面长约 3 cm,接穗外侧要比内侧稍厚。将砧木劈口撬开,将接穗厚侧向外、窄侧向里插入劈口中,使两者形成层对齐,接穗削面的上端应高出砧木切口 0.2~0.3 cm。

3)插皮接

在砧木较粗、易剥皮时采用,如下图所示。距地 5~8 cm 处断砧,削平断面,选平滑处,皮层划一纵切口,长度为接穗长度的 1/2~2/3;接穗削成长 3~4 cm 的单斜面,要平直并超过髓心,厚 0.3~0.5 cm,背面末端削成 0.5~0.8 cm 的小斜面或在背面的两侧再各微微削去一刀。接穗从砧木切口沿木质部与韧皮部中间插入,长削面朝向木质部,使接穗背面对准砧木切口正中,接穗上端"留白";用塑料薄膜条(宽 1 cm 左右)绑扎;常用于高接,如龙爪槐的嫁接和花果类树木的高接换种等。

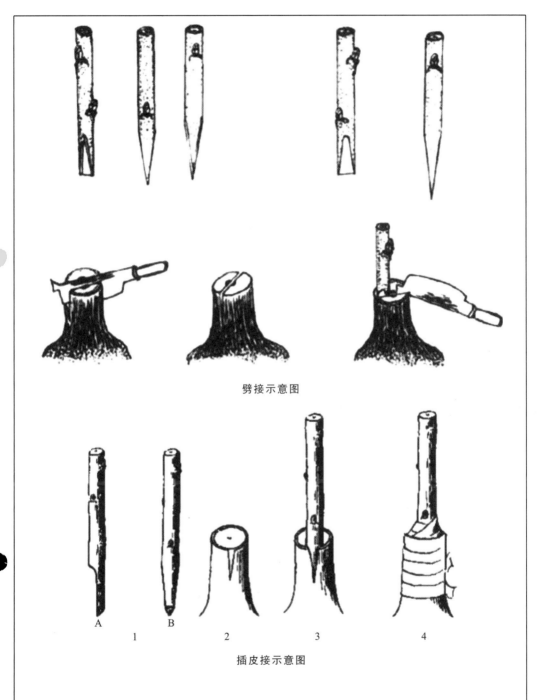

劈接示意图

插皮接示意图

4)舌接

适于砧、穗1~2 cm粗,且大小粗细差不多的嫁接,如下图所示。砧穗间接触面积大,结合牢固,成活率高,生产上可用此法高接和低接。砧木上端削成3 cm的长削面,在削面由上往下1/3处,顺砧干往下切1 cm左右的纵切口,呈舌状;在接穗平滑处顺势削3 cm斜削面,在斜面由下往上1/3处同样切1 cm左右的纵切口,和砧木斜面部位纵切口相对应;将接穗的内舌(短舌)插入砧木的纵切口内,使彼此的舌部交叉起来,互相插紧,然后绑扎。

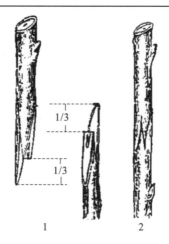

舌接示意图

5) 插皮舌接

用于树液流动、容易剥皮而不适于劈接的树种,如下图所示。在砧木离地 5~10 cm处锯断,选平直部位,削去粗皮,露出嫩皮(韧皮);接穗削成5~7 cm长的单面马耳形,捏开削面皮层,将接穗木质部轻插于砧木木质部与韧皮部之间,插至微露接穗削面,然后绑扎。

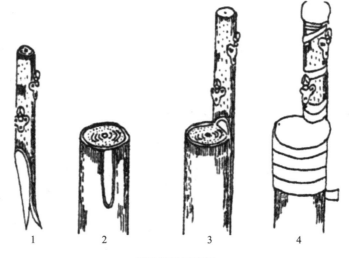

插皮舌接示意图

6) 腹接

腹接分普通腹接、皮下腹接两种,是在砧木腹部进行的枝接,如下图所示。常用于针叶树的繁殖,砧木不去头,或仅剪去顶梢,待成活后再剪去接口以上的砧木枝干。

7) 靠接

靠接是特殊形式的枝接;成活率高,可在生长期内进行;要求砧穗都带根系,愈合后再剪断,操作麻烦;多用于砧穗亲和力较差、嫁接不易成活的观赏树和柑、橘类树木。如菊花靠接,选择粗细相当的砧穗,并选择二者靠接部位;砧穗朝结合方向弯曲,呈弓

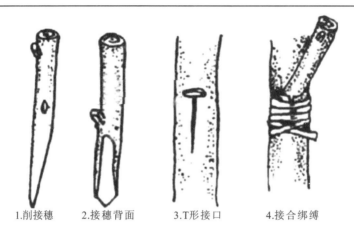

1.削接穗　2.接穗背面　3.T形接口　4.接合绑缚

腹接示意图

背形;在弓背上分别削 1 个长椭圆形平面,削面长 3~5 cm,削切深度为其直径的 1/3;二者削面要大小相当,便于形成层吻合。

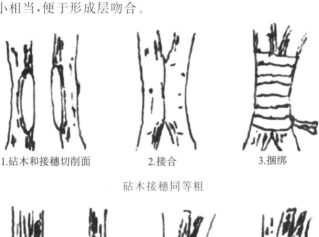

1.砧木和接穗切削面　2.接合　3.捆绑

砧木接穗同等粗

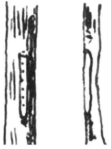 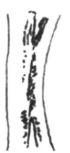 

1.砧木和接穗切削面　2.接合　3.捆绑

砧木接穗粗度不同

靠接示意图

8)其他枝接方法

桥接示意图如下图所示。

2. 芽接

用生长充实的当年生发育枝上的饱满芽做接芽,秋季是主要芽接时期。苗圃常用的芽接方法:嵌芽接和丁字形芽接。

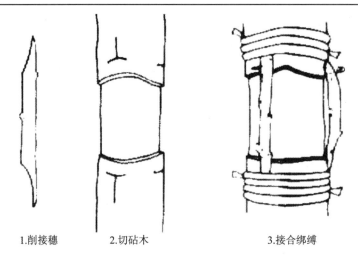

1. 削接穗　　2. 切砧木　　3. 接合绑缚

桥接示意图

1）嵌芽接

嵌芽接又称带木质部芽接，如下图所示。适用于大面积育苗。自上而下切削芽片，在芽上部 1~1.5 cm 处稍带木质部下切，在芽下部 1.5 cm 处横向斜切一刀，即可取下芽片；一般芽片长 2~3 cm，宽度不等；在选好的砧木部位自上向下稍带木质部削一与芽片长宽均相等的切面；将切开的稍带木质部的树皮上部切去，下部留有 0.5 cm 左右；芽片插入切口，使形成层对齐，再将留下部分贴到芽片上，用塑料带绑扎好即可。

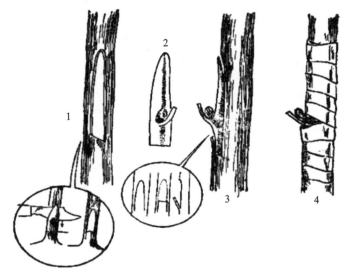

嵌芽接示意图

2）丁字形芽接

丁字形芽接又称盾状芽接、T 字形芽接，是育苗中芽接最常用的方法，如下图所示。砧木一般选用 1~2 年生的小苗；采当年生新鲜枝条为接穗，立即去掉叶片，留叶柄。

(1)削芽片:芽上 0.5 cm 左右横切一刀,刀口长 0.8~1 cm,深达木质部;芽片下 1 cm 左右连同木质部向上切削到横切口处取下芽。芽片一般不带木质部,芽居芽片正中或稍偏上一点。

(2)削砧木:距地 5 cm 左右,选光滑无疤部位横切一刀,深度以切断皮层为准,从横切口中央切一垂直口,使切口呈 T 字形。

(3)插入接芽:把芽片放入切口,往下插入,使芽片上边与 T 字形切口的横切口对齐。

(4)绑缚:用塑料带从下向上一圈压一圈地把切口包严。注意将芽和叶柄留在外面,以便检查成活情况。

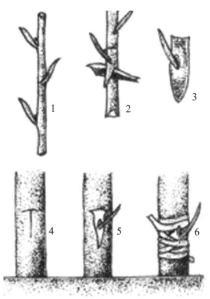

丁字形芽接示意图

3)方块芽接

方块芽接又称块状芽接,如下图所示。芽片与砧木形成层接触面积大,成活率较高,多用于柿树、核桃等较难成活树种;操作较复杂,工效较低,一般树种多不采用。

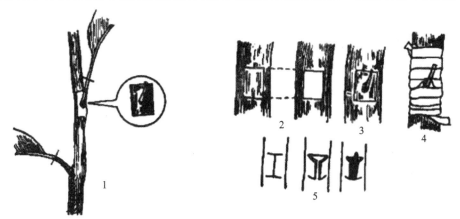

方块芽接示意图

4) 套芽接

套芽接又称环状芽接,如下图所示。接触面积大,易于成活。主要用于皮部易于剥离的树种,在春季树液流动后进行。

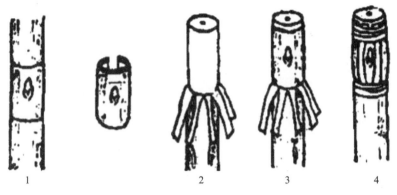

套芽接示意图

3. 根接

用树根作砧木,接穗直接接在根上称为根接,如下图所示。各种枝接法均可采用。根据接穗与根砧的粗度不同,可以正接,即在根砧上切接口;也可倒接,即将根砧按接穗的削法切削,在接穗上进行嫁接。

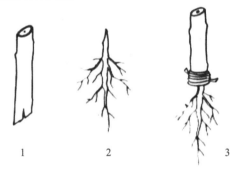

根接示意图

(七)接后管理

1. 检查成活情况、解除绑缚物及补接

枝接和根接一般在接后 20~30 d 可进行成活率的检查。成活后接穗上的芽新鲜、饱满,甚至已经萌发生长;未成活则接穗干枯或变黑腐烂。芽接一般 7~14 d 即可进行成活情况的检查。成活者的叶柄一触即掉,芽体与芽片呈新鲜状态;未成活则芽片干枯变黑。

在检查时如绑缚物太紧,要松绑或解除绑缚物,以免影响接穗的发育和生长;一般当新芽长至 2~3 cm 时,可全部解除绑缚物。嫁接未成活应在其上或其下错位及时进行补接。

2. 剪砧、抹芽、除蘖

嫁接成活后,接口上方有砧木枝条的,要及时将接口上方砧木部分剪去,以促进接穗的生长;一般树种可采用一次剪砧,即在嫁接成活后、春季开始生长前,将砧木自接口处上方剪去,剪口要平,以利愈合。嫁接难成活树种,可分两次或多次剪砧。

成活后,砧木常萌发许多蘖芽,为集中养分供给新梢生长,要及时抹除砧木上的萌芽和根蘖,一般需要去蘖2~3次。

3. 立支柱

新梢长至5~8 cm时,紧贴砧木立一支柱,将新梢绑于支柱上。在生产上,常采用降低接口、在新梢基部培土、嫁接于砧木的主风方向等措施来防止或减轻风折。

三、常绿乔木扦插育苗

(一)扦插繁殖的概念及特点

扦插繁殖是利用植物营养器官具有再生能力及发生不定根、不定芽的习性,切取其根、茎、叶的一部分,在一定的环境条件下插入土、沙或其他基质中,使其生根、发芽成为新植株的方法。扦插繁殖所获得的植株称为扦插苗。

(二)扦插繁殖的种类

扦插繁殖的种类有枝插(茎插)、根插和叶插。在生产实践中,以枝插应用最广,根插次之,叶插则常在花卉繁育中应用。

1. 硬枝扦插

凡是采用已经木质化的枝条来扦插的,都称硬枝扦插。这是生产上最常用的方法,如下图所示。

1)硬枝扦插的种类

采用有两个以上芽的插条进行枝插称为长枝插,采用有一个芽的插条进行扦插称为短枝插或单芽插。

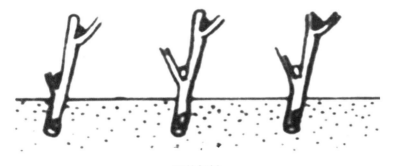

硬枝扦插

(1)长枝插。通常有普通插、蹲形插、槌形插等。

(2)短枝插(单芽插)。用只具一个芽的枝条进行扦插,选用枝条短,一般不足10 cm,较节省材料,但体内营养物质少,且易失水,因此下切口斜切,扩大枝条切口吸水面积和愈伤面,有利于生根,并需要喷水来保持较高的空气相对湿度,使插条在短时间内生根成活。此法多用于一些常绿树种。桂花扦插的成活率可达70%~80%。

2)插条的选择

选择树龄较为年轻的母树上的当年生枝条或萌蘖条,要求枝条生长健壮,无病虫害,距主干近,已木质化。

3) 插条剪取时间

在休眠期,即在秋季自然落叶以后或开始落叶时至第二年春天萌芽前。

4) 扦插时期

一般在春季室外土温达 10 ℃ 以上时进行,具体进行时间视植物种类及各地区气候条件而定。一般北方冬季寒冷、干旱地区,宜秋季采条贮藏后春插;而南方温暖、湿润地区宜秋插,可省去插条贮藏工作。抗寒性强的可早插,反之宜迟插。

5) 插条的截取

插条一般剪成长 10～20 cm 的小段,北方干旱地区可稍长,南方湿润地区可稍短。每个插条一般保留 2～3 个芽或更多的芽。上端的剪口在顶芽上 1～2 cm 处,一般呈 30°～45°的斜面,斜面方向是有芽的一方高,背芽的一方低,以免扦插后切面积水;较细的插条剪成平面也可。下端剪口应在节下,剪口应平滑,以利于愈合,切口一般呈水平状,以便生根均匀;但有些生根缓慢的树种也可剪成斜面,以扩大与土壤的接触面。

6) 插条的贮藏

贮藏的方法以露地埋条较为普遍。选择干燥、排水良好、背风向阳的地方挖沟,将枝条捆扎成束,埋于沟内,盖上湿沙和泥土即可。若枝条过多,可竖一些草把于中间,以利于通气。北方地区有利用窖藏的,将枝条埋于湿沙中,堆放 2～3 层,更为安全。无论露地还是室内贮藏,均需经常检查有无霉烂现象,以免影响成活率。

7) 扦插方法

扦插前将插床进行翻耕,使土壤疏松、平整,然后每隔 50～60 cm 开 15～20 cm 的沟,沿沟底施入基肥,每亩施腐熟的堆肥 2500～4000 kg,再加少量草木灰和过磷酸钙等。经与沟土充分拌匀后,按 10～15 cm 的株距,直插或斜插入苗床。斜插时将插条斜插入沟内成 45°角,顶芽露出地面,其方向必须相同。插条入土深度是其长度的 1/2～2/3,干旱地区、沙质土壤可适当深些。并用手将周围土壤压实,然后灌水,使土壤和枝条密接,最后再覆细润土一层,使与顶芽相平。注意扦插时不要碰伤芽眼,插入土中时不要左右晃动插条。

2. 嫩枝扦插

嫩枝扦插又称绿枝扦插,是利用当年生嫩枝或半木质化枝条来扦插,其发根较已木质化枝条扦插的更好,如下图所示。

嫩枝扦插

1) 插条的选择

嫩枝扦插一般是随采随插,在 5—8 月进行。插条要尽量剪自发育阶段年轻的母树,选择健壮、无病虫害、半木质化的当年生嫩枝。

2) 插条的截取

插条一般长 5~6 cm，在剪取插条时，插条上端芽的剪口必须在芽上 2~3 cm 处，切面与枝条成 45°角。插条上部须保留 1~3 片健壮叶片，并剪去叶片前端一半。枝条下端剪口应在节下，因节上养分多，有利于生根。为了防止枝条凋萎，最好在早晨枝条内含水最多时剪取。剪下后，将下端浸于清水，上面用湿布盖住，以防插条萎蔫。常绿针叶树种的嫩枝扦插插条，一般只要把下剪口剪平即可，不必除去叶片；但若扦插入土困难，可适当除去一些下部枝叶。

3) 扦插的方法

嫩枝扦插与硬枝扦插的方法相似，只是用地更要整理精细、疏松。因此常在冷床或温床上进行扦插，一般垂直插入土中，入土部分为总长的 1/3~1/2。嫩枝扦插对空气湿度要求严格，大面积露地扦插，如无完善的喷雾装置或保湿设备，成活率就不会高。必要时应盖塑料薄膜或搭遮阳网，以保持适当的温度、湿度。此外，还应该注意通风及遮阴。

3. 根插

利用植物的根进行扦插，称根插。根插适用于枝条不易扦插的植物，如泡桐、漆树等，或者根部再生能力较强的植物，如紫藤、海棠、樱桃等。

1) 插条选择

选择在休眠期母树周围刨取种根，也可利用出圃起苗时残留在圃地里的根。

2) 插条的贮藏

选直径在 0.8 cm 以上的根条，切成 10~15 cm 的节段，并按粗细分级埋藏于假植沟内，至翌年春季扦插。

3) 扦插方法

一般多用床插，先在床面开深 5~6 cm 的沟，将种根斜插或全埋于沟内，覆土 2~3 cm，平整床面，立即灌水，保持土壤适当湿度，15~20 d 可发芽。

4. 叶插

利用植物的叶进行扦插，称为叶插。

叶插用于能自叶上发生不定芽及不定根的种类，凡能进行叶插的花卉，大都具有粗壮的叶柄、叶脉或肥厚的叶片。叶插须选取发育充实的叶片，在设备良好的繁殖床内进行，以维持适宜的温度及湿度，才能取得良好的效果，如秋海棠、落地生根、非洲紫罗兰等。

1) 全叶插

以完整叶片为插穗，依扦插位置分为以下两种，示意图如下图所示。

(1) 平置法。切去叶柄，将叶片平铺于沙面上，以铁针或竹针固定，下面与沙面紧接。落地生根从叶缘处产生幼小植株，秋海棠自叶片基部或叶脉处产生植株，紫叶秋海棠叶片较大，可在各粗壮叶脉上用小刀切断，在切断处产生幼小植株。

(2) 直插法（也称叶柄插法）。将叶柄插入沙中，叶片立于沙面上，叶柄基部就发生不定芽。大岩桐进行叶插时，首先在叶柄基部发生小球茎，之后发生根与芽。用此法繁殖的花卉还有非洲紫罗兰、苦苣苔及球兰等。

平置法示意图

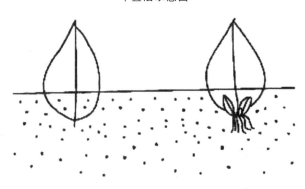

直插法示意图

2）片叶插

片叶插是将一个叶片分切为数块，分别进行扦插，使每块叶片上形成不定芽。用此法进行繁殖的有紫叶秋海棠、大岩桐、豆瓣绿及千岁兰等。将紫叶秋海棠叶柄从叶片基部剪去，按主脉分布情况，分切为数块，使每块上都有一条主脉，再剪去叶缘较薄的部分，以减少蒸发，然后将下端插入沙中，不久就从叶脉基部产生幼小植株。大岩桐也可以采用片叶插。即在各对侧脉下方自主脉处切开，再切去叶脉下方较薄部分，分别把每块叶片下端插入沙中，在主脉下端就可以生出幼小植株。豆瓣绿叶厚而小，沿中脉分切左右两块，下端插入沙中，可自主脉处产生幼株。千岁兰的叶片较长，可横切成 5 cm 左右的小段，将下端插入沙中，自下端可生出幼株。千岁兰分割后应注意不可使其上下颠倒，否则影响成活。

（三）扦插的方法

不同植物的习性不同，扦插方法也不同。现将生产实践中常用的方法介绍如下。

1. 垂直插

垂直插是扦插繁殖中应用最广的一种，多用于较短的插条。在大田里可采取这种方法大面积育苗。嫩枝扦插在全光照自动间歇喷雾扦插床上经常采取垂直插，可节省空间。花卉生产中，采用垂直扦插繁殖，在换盆培养时可省去换土的工序，直接埋入即可。

2. 斜插

斜插适用于落叶植物，多在植物落叶后发芽前进行，将插穗（15～20 cm）斜插入土中，插入土部分向南，与地面成 45°角，插后将土壤踩实，使插穗与土壤紧密接触，保持土壤的水分与通风条件。

3. 船底插

蔓生植物枝条长，在扦插中将插穗平放或略弯成船底形进行扦插。

4. 深层插

将长插条（1 m 以上）深深插入土中，上部用松散土壤埋住，只露出梢部。此法由于插条切口位于无菌的底层深处，可以充分利用适宜的深层土温（冬季可保持 10 ℃，夏季可保持 20 ℃左右）和深层土壤水分。此法成活率较高，可在较短的时间内培养成所需大苗，但是用扦插材料较多。由于插条扦插较深，下部土壤紧实，通气不良，因此下部至切口生根少，而上层土壤空气流通良好，有利生根，从而产生埋在土里的部位上部根系多、下部稀少的状况。此种方法由于插条过长，移植困难。所以具体扦插深度应根据扦插植物生根的难易、插条的长度以及土壤的性质决定。有直接用此方法进行扦插植树绿化的。

（四）扦插后的管理

1. 保持插壤和空气湿度

扦插后立即浇足第一次水，使插条与土壤紧密接触。要经常保持土壤、空气的湿度（嫩枝扦插等要求更高），以保持插条体内的水分平衡，保持插壤中良好的通气效果，同时还应做好保墒及松土工作。

温室、大棚能保持较高的空气湿度和温度，并且具有一定的调节能力。插床的扦插基质具有通气良好、持水力强的特点。因此，既可用于硬枝扦插，也可用于叶插、嫩枝扦插。扦插之后，当插条生根展叶后方可逐渐开窗流通空气，降低空气湿度，使其逐渐适应外界环境。棚内温度过高，可通过遮阴网降低光照强度，减少热量吸收，或适当开天窗通风降温、喷水降温，保持室内、棚内适宜的环境条件，维持至插条生根成活。当插条成活适应之后，逐渐移至栽植区栽培。

在空气温度较高、阳光充足的生长季节，可采用全光照自动间歇式喷雾扦插床进行嫩枝扦插，插后利用白天充足的阳光进行光合作用，以间歇喷雾的自动控制装置来满足插条对空气湿度的要求，保证插条不萎蔫，又有利于生根。插壤以无营养、通气保水的基质为主，在扦插成活后，为保证幼苗正常生长，应及时起苗移栽。

2. 保证插条营养

插条未生根之前地上部分展叶，应摘去部分叶片，减少养分消耗，保证生根的营养供给。当新苗长到 15～30 cm 时，培育主干的植物应选留一个健壮直立的新梢，其余除去。除草配合松土进行，减少杂草对养分和水分的竞争。

四、常绿乔木栽植技术

（一）树木栽植的概念

园林树木栽植工程是绿化工程的重要组成部分，是指按照正式的园林设计以及一定的计划,完成某一地区的全部或局部植树绿化任务。它不同于林业生产的植树造林。我们只有熟悉它的特点,研究并利用其规律性,才能做好园林树木种植工作。

树木栽植从广义上讲,包括起苗、搬运、种植和栽后管理四个基本环节。将树苗从一个地方连根(裸根或带土球并包装)起出的操作过程称为起苗;将起出的树苗用一定的交通工具(人力或机具等)运到指定的地点称为运苗;将运来的苗木按照园林规划设计的造景要求栽植在适宜的土壤内,使树木的根系与土壤密接的操作过程称为定植。

在园林绿化工程中,我们经常遇到"假植"这个词。所谓假植是指在苗木或树木挖起或搬运后不能及时种植时,为了保护根系生命活动,而采取的短期或临时将根系埋于湿土中的措施。

(二)树木栽植的成活原理及措施

1. 树木栽植成活原理——保证水分的平衡

在任何环境条件下,一棵正常生长的树木,其地上与地下部分都处于一种生长的平衡状态,地上部分的枝叶与地下部分的根系都保持一定的比例(冠根比)。枝叶的蒸腾量可得到根系吸水的及时补充,不会出现水分亏缺。

但是,树体被挖出以后,根系特别是吸收根遭到严重破坏,根幅与根总量减小,树木根系全部(如裸根苗)或部分(如带土苗)脱离了原有的土壤生态环境,根系主动吸水的能力大大降低,而地上部分气孔的调节十分有限,仍不断进行蒸腾作用,体内的水分平衡遭到破坏。在树木栽植以后,根系与土壤的密切关系遭到破坏,减少了根系对水分的吸收。此外根系在移植过程中受到损伤,虽然在适宜的条件下具有一定的再生能力,但要发出较多的新根还需一定的时间。若不采取措施,迅速建立根系与土壤的密切关系,以及枝叶与根系的新平衡,树木极易发生水分亏损,甚至导致死亡。因此,一切有利于根系迅速恢复再生功能,尽早使根系与土壤建立紧密联系,以及协调根系与枝叶之间平衡的技术措施,都有利于提高栽植成活率。

由此可见,树木栽植成活的关键在于使新栽植的树木与环境迅速建立密切联系。及时恢复树木体内以水分代谢为主的生理平衡。这种新平衡关系建立的快慢与栽植树种的习性、移植时处于的年龄时期、物候状况以及影响生根和植物蒸腾的外界因子都有密切的关系,同时也与栽植技术和后期的管理措施密切相关。

一般而言,发根能力和根系再生能力强的树种容易栽植成功;幼青年期的树木以及休眠期的树木容易栽活;充分的土壤水分和适宜的气候条件成活率高。另外,科学的栽植技术和高度的责任心可以避免很多种植过程中的不利因素,大大提高栽植成活率。

乔灌木树种的移栽,不论是裸根栽植,还是带土栽植,对于实际的操作者来说,不但要懂得挖掘植株和操作器具的合理程序,而且要充分熟悉植株继续生长发育的生物学过程。这些知识对于移栽成功与否具有极其重要的作用。

2. 促使树木栽植成功的措施

1)符合规划设计要求

在树木栽植过程中,根据设计要求,遵循园林树木的生理特性,按图施工。要求施工人员一定要了解设计人员的设计理念、了解设计要求、熟悉设计图纸。

2)符合树木的生活习性

各种树木都有独特的个性,对环境条件的要求和适应能力表现出很大的不同。杨树、柳树等再生能力强的树种,栽植容易成活,一般可以用裸根苗进行栽植,苗木的包装、运输可以简单些,栽植技术较为粗放。而一些常绿树种及发根再生能力差的树种,栽植时必须带土球,栽植必须严格按照要求去操作。所以对不同生活习性的树木,施工人员要了解栽植树木的共性和特性,并采取相对应的技术措施,才能保证树木栽植成活和工程的高质量。

3)符合栽植的季节,工序紧凑

不同的树种、不同的地区,适栽时期是不一样的。在适栽季节内,合理安排不同树种的种植顺序对于移植的成活率也是一个关键的影响因素。一般早发芽早栽植,晚发芽晚栽植;落叶树春季宜早,常绿树可稍晚一些。树木在栽植的过程中应做到起、运、栽一条龙,即事先做好一切准备工作,创造好一切必要的条件,在最适宜的时期内,随起、随运、随栽,再加上及时有效的后期养护管理工作,可以大大提高移植的成活率。

(三)树木的栽植季节

1. 确定栽植的季节

适宜的树木种植季节就是树木所处物候状况和环境条件最有利于其成活,而所花费的人力物力却较少的时期。

树木栽植的季节决定于移栽树木的种类、生长状况和外界环境条件。根据树木栽植成活的原理,最适合的树木栽植季节和时间,首先,应有利于树木保湿、防止树木过分失水和适于树木愈合生根的气象条件,特别是温度与水分条件;其次,树木具有较强的发根能力。树木生理活动的特点与外界环境条件配合,有利于维持树体水分代谢的相对平衡。因此,确定栽植时期的基本原则是尽可能减少栽植对树木正常生长的影响,确保树木移植成活。

根据这一原则,应选择树木的外界环境条件最有利于水分供应和树木本身生命活动最弱、消耗养分最少、水分蒸腾量最小的时期作为移植的最佳时期。在一年中,符合上述条件的时期是树木的休眠期和根茎生长期。此期地上部分处于休眠而根系仍然在生长,是树体消耗养分和水分最少的时期,这一时期大多为早春萌芽前和秋季落叶时。

一般以春季和秋季栽植为好,即树木开始大量落叶后到土壤结冻之前,以及萌芽前树木刚开始生命活动的时候。因为这两个时期树木对水分和养分的需求量不大,且树体内储有大量的营养物质并有一定的生命活动能力,有利于根系伤口的愈合和新根的再生。具体何时栽植应根据不同树种及其生长特点、不同地区条件、当年的气候变化来决定,在实际工作中,应根据具体情况灵活掌握。

2. 不同季节栽植的特点

1)春季栽植

自春天土壤解冻至树木萌芽前,这一时期树木处于休眠期,蒸发量小,树体消耗水分少,栽植后容易达到地上和地下部分的生理平衡。春天栽植应立足一个"早"字。只要树木不会受冻害,就应及早开始,其中最好的时期是在新芽开始萌动之前 15~30 d。春季栽植适合于大部分地区和几乎所有树种,对成活最为有利。

这一时期应根据树种的特性,按物候顺序,做到先发芽的先栽,后发芽的后栽。但在有些地区春季不宜栽植树木,如我国西北和华北地区,春季风大,气温回升快,蒸发量大,栽植时期短,导致根系来不及恢复,地上部分发芽,成活率低。

虽然早春是我国多数地方栽植的适宜时期，但持续时间较短，一般为2～4周。若栽植任务较大而劳动力又不足，很难在短时期内完成的，应春植与秋植相配合，秋季以落叶树种为主，春季以常绿树种为主，可缓和劳动力紧张的状况和降低移植的成本。

2）夏季（雨季）栽植

夏季栽植树木，在养护措施跟不上的情况下，成活率较低。因为这时，树木生长势最旺，土壤和树叶的蒸腾作用强，容易缺水，导致新栽树木在数周内因严重失水而死亡。但在春季干旱的地区，如华北、西北及西南等冬春雨水很少，夏季又适逢雨季的地方，以及长江流域的梅雨季节，掌握有利时机进行栽植，可大大提高栽植成活率。夏季栽植应注意以下几点。

（1）适当加大土球，使其持有最大的田间持水量。

（2）要抓住适宜栽植时机，应在树木第一次生长结束，第二次新梢未发的间隔期内，根据天气情况，在下第一场透雨，并有较多降雨天气时立即进行。

（3）重点放在常绿树种的栽植上，对于常绿树种应尽量保持原有树形，采用摘叶、疏枝、缠干、喷水保湿和遮阳等措施。

（4）栽植后要特别注意树冠喷水和树体的遮阳。

3）秋季栽植

秋季栽植的时间较长，从落叶盛期以后至土壤冻结之前都可进行。秋季气温逐渐下降，土壤水分状况比较稳定，树体内储存大量的营养物质有利于伤口的愈合。如果地温比较高，还可以发出新根，翌年春天发芽早，在干旱到来之前就可完全恢复生长。

近年来，在许多地方，推行秋季带叶栽植，取得了栽后愈合发根快、第二年萌芽早的成效。但是带叶栽植的树木要在大量落叶时开始移植，不能太早，否则会降低移栽的成活率，甚至完全失败。

4）冬季栽植

在有些冬季比较温暖、土壤基本不结冻的地区，可以冬栽，如华南、华中和华东等地区。

在北方或高海拔地区，土壤封冻，天气寒冷，一般不宜冬天栽植。但是，在冬季严寒的华北北部、东北大部，土壤冻结较深，可采用带冻土球的方法栽植。一般说来，冬季栽植主要适合于落叶树种。

掌握了各个季节栽树的优缺点，就能根据各地条件，因地、因树制宜，合理安排栽植。恰当地安排施工时间和施工进度。

需要指出的是，在确保根系基本完整，栽后管理措施得力有效的情况下，树木栽植可以不受季节的限制，各地正在大力发展的容器苗由于在移植过程中，根系没有受到伤害，如果后期管理工作到位，一年四季都可栽植。

（四）树木的栽植操作

1. 种植前的准备要领

1）了解设计意图与工程概况

施工人员首先应了解园林树木种植设计意图，向设计人员了解设计思想，所要达到的预期目的或意境，以及施工完成后近期所要达到的目标。同时还要通过设计单位和工程主管部门了解工程概况。

(1) 栽植树木与其他有关的工程。在栽植树木前要了解与其相配套的有关工程，如铺草坪、建造花坛以及土方、道路、给排水、假山石、园林设施等的范围和工程量的大小，尽量避免交叉施工。

(2) 栽植树木的施工期限。了解施工的开始日期和竣工日期，尽可能保证不同特性的树木在最适栽植期内栽植。

(3) 了解工程投资以及设计概算。主要了解主管部门批准的工程投资额和设计预算的定额依据，以备编制施工预算与计划。

(4) 充分了解和掌握施工现场的情况。施工现场的地上构筑物的处理要求，地下管线分布与走向情况，这是确定栽植点，进行定点放线的依据。

(5) 栽植树木的种苗来源和运输条件。根据设计要求，对苗木出圃地点、时间、质量和规格要求以及运输条件要逐一落实。

(6) 机械与车辆、劳动力保障。了解施工所需的机械与车辆的来源，确保施工期间有足够的劳动力。

2) 现场调查

(1) 各种参照物（如房屋、原有树木、市政或农田设施等）的去留及必须保护的参照物（如古树、名木等），需要搬迁和拆迁的处理手续与办法。

(2) 施工现场内外交通设施、水源状况、电源情况等，确定能否使用机械车辆，若不能使用则应尽快另选路径进场施工。

(3) 施工地段的土壤性状调查，以了解土壤条件状况，确定是否需要换土，并估算客土的总量及其来源等。

(4) 施工期间施工人员的生活设施（如食堂、厕所、宿舍等）安排。

2. 制定施工方案

施工方案是根据工程规划设计制定的，又称为施工组织设计或组织施工计划。不同的绿化施工项目，其施工方案的内容不可能完全一样。但是在任何情况下制定施工方案，都必须做到在计划内容上尽量全面细致，在施工措施上要有预见性和针对性，并要简明扼要，抓住要害。

1) 施工方案的主要内容

(1) 工程概况：工程名称，施工地点，设计意图，工程的意义、原则要求以及指导思想，工程的特点以及有利和不利条件，工程的内容、范围、任务量、投资预算等。

(2) 施工的组织机构：参加施工的单位、部门及负责人；需要设立的职能部门及其职责范围和负责人；明确施工队伍，确定任务范围，任命组织领导人员，并明确有关的制度和要求；确定劳动力的来源和人数。

(3) 施工进度：分单项进度与总进度，确定其起止日期。

(4) 劳动力计划：根据工程任务量及劳动定额，计算出每道工序所用的劳动力和总劳动力，并确定劳动力的来源、使用时间以及具体的劳动组织形式。

(5) 材料和工具供应计划：根据工程进度的需要，提出苗木、工具、材料的供应计划，包括用量、规格、型号、使用期限等。

(6) 机械运输计划：根据工程需要，提出所需用的机械、车辆，并说明所需机械、车辆的型号、日用台班数及具体使用日期。

(7)施工预算:以设计预算为主要依据,根据实际工程情况、质量要求和届时的市场价格,编制合理的施工预算方案。

(8)技术和质量管理措施:①制定操作细则。施工中除遵守统一的技术操作规程外,应提出本项工程的一些特殊要求及规定。②确定质量标准及具体的成活率指标;进行技术交底,提出技术培训的方法;制定质量检查和验收的办法。

(9)绘制施工现场平面图:对于比较大型的复杂工程,为了了解施工现场的全貌,便于对施工的指挥,在编制施工方案时,应绘制施工现场平面图。平面图上主要标明施工现场的交通路线、放线的基点、存放各种材料的位置、苗木假植地点、水源、临时工棚等。

(10)安全生产制度:建立健全保障安全生产的组织;制定安全操作规程;制定安全生产的检查和管理办法。

2)编制施工方案的方法

施工方案由施工单位的领导部门负责制定,也可以委托生产业务部门负责制定。由负责制定的部门召集有关单位,对施工现场进行详细调查了解,这称为"现场勘测"。根据工程任务和现场情况,研究出一个基本方案,然后由经验丰富的专人执笔,负责编写初稿。编制完成后,应广泛征求群众意见,反复修改、定稿,报批后执行。

3)栽植工程主要技术项目的确定

为确保工程质量,在制定施工方案的时候,应对栽植工程的主要项目确定具体的技术措施和质量要求。

(1)定点和放线:确定具体的定点、放线方法(包括平面和高程),保证栽植位置准确无误,符合设计要求。

(2)挖坑:根据苗木规格,确定树坑的具体规格(直径×深度)。可根据苗木大小分成几个等级,分别确定树坑规格,进行编号,以便施工操作。

(3)换土:根据现场勘测时调查的土质情况,确定是否需要换土。如需换土,应计算出客土量,确定客土的来源及换土的方法,还需确定渣土的处理去向。如果现场土质较好,只是混杂物较多,可以去渣添土,尽量减少客土量,保留一部分碎破瓦片,以有利于土壤通气。

(4)掘苗:确定具体树种的掘苗、包装方法,哪些树种需带土球,土球规格及包装要求;哪些树种可裸根掘苗及应保留根系的规格等。

(5)运苗:确定运苗方法,如用什么车辆和机械,行车路线,遮盖材料、方法及押运人,长途运苗要提出具体要求。

(6)假植:确定假植地点、方法、时间及养护管理措施等。

(7)种植:确定不同树种和不同地段的种植顺序以及是否施肥,如需施肥,应确定肥料种类、施肥方法和施肥量,并应列出苗木根部消毒的要求和方法。

(8)修剪:确定各种苗木的修剪方法(乔木应先修剪后种植,绿篱应先种植后修剪),修剪的高度、形式及要求等。

(9)树木支撑:确定是否需要立支柱,以及立支柱的形式、材料和方法等。

(10)灌水:确定灌水的方式、方法、时间,灌水次数和灌水量,提出封堰或中耕的要求。

(11)清理:清理现场应做到文明施工、工完场净。

(12)其他有关技术措施:如灌水后发生倾斜要扶正,提出遮阳、喷雾、病虫害防治等的方法和要求。

4)计划表格的编制和填写

在编制施工方案时,凡能用图表说明的问题,就不要用文字叙述。目前还没有一套统一的计划表格,各地可依据具体工程要求进行设计。表格应尽量做到内容全面、条目详细。

3. 施工现场的清理

1)清理障碍物

凡绿化施工工程地界之内,有有碍施工的市政设施、农田设施、房屋、树木、坟墓、杂物、违章建筑等,都应进行拆除和迁移。清理障碍物是一项涉及面很广的工作,有时仅靠园林部门是难以完成的,必须依靠领导部门的支持。其中,对现有树木的处理要持慎重态度,凡结合绿化设计可以保留的应尽量保留,无法保留的应该迁移。

2)地形地势的整理

地形整理是指从土地的平面上,将绿化地区与其他用地界线区划开来,根据绿化设计方案的要求整理出一定的地形起伏。可与清理障碍物结合起来进行。地形整理应做好土方调度,先挖后填垫,以节省投资。

地势整理主要涉及绿地的排水问题,在具体的绿化地块中,一般都不需要埋设排水管道,绿地的排水主要靠地面坡度,从地面自行径流排放到道路旁的下水道或排水明沟。要根据本地区排水的大趋向,将绿化地块适当填高,再整理成一定坡度,使其与本地区排水趋向一致。需要注意对新填土壤要分层夯实,并适当增加填土量,否则一经下雨,会自行下沉。

3)地面土壤的整理

地形地势整理完毕后,必须在种植范围内对土壤进行整理。如在建筑遗址、废弃工程、存在矿渣炉灰处等地修建绿地,需要清除渣土,换上好土。

4. 苗木的选择技术

1)苗木质量

苗木质量直接影响栽植的质量、成活率、养护成本及绿化效果。高质量的苗木应具备以下条件。

(1)根系发达而完善,主根短直,在近根颈一定范围内要有较多的侧根和须根,有适当的冠根比,大根系无劈裂。

(2)苗木生长健壮,枝干充实,抗性强。

(3)苗木主干粗壮通直(藤本植物除外),有适合的高度,枝条不徒长。

(4)主侧根分布均匀,树冠匀称、丰满。其中常绿针叶树下部枝叶不枯落成裸干状。干性强而无潜伏芽的某些针叶树,顶端优势明显,侧芽发育饱满。

(5)树体无病虫害和机械损伤。

2)苗(树)龄与规格

树木的年龄对栽植成活率有很大影响,并与成活后栽植的适应性和抗逆性有关。

(1)行道树。树干高度合适,速生树种如杨树、柳树等胸径应在4~6 cm,慢生树种如国槐、银杏、三角枫等胸径在5~8 cm(大规格的苗木除外)。分枝点高度一致,具有3~5个分布均匀、角度适宜的主枝。枝叶茂密,树干完整。

(2)花灌木。有主干或主枝3~6个,高度在1 m左右,分布均匀,根颈部有分枝,冠型丰满。

(3)孤植树。主干要通直,个体姿态优美,有特点。庭荫树树干高2 m以上;常绿树树冠要完整,枝叶茂密,有新枝生长;针叶树基部及下部枝条不干枯,圆满端庄。

(4)绿篱。植株高50~200 cm,个体一致,下部不秃裸;球形树冠苗木枝叶茂密。

(5)藤本植物。有2~3个多年生主蔓,无枯枝现象。

3)苗木来源

(1)优先选择乡土树种及本地产苗木。这不仅可以避免长途运输对苗木的损害和降低运输费用,而且可以避免病虫害的传播。从外地购进苗木,必须从相似气候区内订购,要把好起(挖)苗、包装的质量关,按照规定进行苗木检疫,防止将严重病虫害带入本地;在运输装卸中,一定要注意洒水保湿,少移动,防止机械损伤,尽可能地缩短运输时间。

(2)注意苗木的栽培类型。苗圃培养的实生苗一般都有较发达的根系和较强的抗性,无性繁殖苗可以保持母本的优良特性,提前开花结果,但对嫁接苗要注意区别其真伪。经多次移植的树木,根系发达,容易成活,但桃、梨、苹果等果树不宜栽植二年生以上的大苗,也不宜多次移栽。在栽植中要尽量避免使用留床苗,尤其是多年生留床苗,不过在原苗床上经截根培育的苗木除外。

(3)优先使用容器培育的苗木。容器苗是在销售或露地定植之前的一定时期,将树木栽植在竹筐、瓦缸、木箱或金属及尼龙网等容器内培育而成的。容器栽培的苗木,运输方便,可带容器运输到现场后脱盆,也可先脱盆后运输,在栽植过程中,根系一般不会受到损伤,栽植后只要进行适当的水分管理,就能较快地恢复生理平衡、获得很好的移栽效果。另外容器苗的栽植不会受季节的影响,即使在夏秋高温干旱之际都可进行。缺陷是树木规格受到限制。

5. 定点放样技术

定点放样就是根据园林树种绿化种植设计图,按比例将所栽树木的种植点落实到地面。施工单位拿到设计部门的设计资料后,应立即组织人员仔细研究,列出设计图上的所有信息,在听取设计部门和主管单位对此项工程的具体要求后,立即现场勘查,掌握施工现场和附近水准点,以及测量平面位置的导线点,以便作为定点放样的依据,如不具备上述条件,则应确定一些永久性构筑物,作为定点放样的依据。

1)行道树的定点放样方法

要求位置准确,尤其是行位必须准确无误。

(1)确定行位的方法。

对行道树严格按照设计横断面的位置放线。如有固定路牙的道路,以路牙内侧为准;没有路牙的道路,以道路路面的中心线为准。用钢尺测准行位,按设计图规定的株距,大约每10棵钉一个行位控制桩。如果道路通直,行位桩可钉得稀一些。每一个道路拐弯处都必须测距钉桩。注意行位桩不要钉在种植坑范围内,以免施工时被挖掉。道路笔直的路段,可以采用首尾两头用钢尺量距,中间部位用经纬仪照准穿直的方法布置行位桩。

(2)确定点位的方法。行道树点位以行位控制桩为瞄准的依据,用皮尺或测绳按照图面设计确定株距,定出每一棵树的位置。株位中心可用铁锹挖一小坑,内撒石灰,作为定位标记。由于行道树位置与市政、交通、居民等有密切的关系,定点位置除以设计图为依据外,还应注意以下问题。

①遇道路急转弯时,在弯的内侧应留出 50 m 的空当不栽树,以免妨碍视线。

②交叉路口各边 30 m 内不栽树。

③公路与铁路交叉口 50 m 内不栽树。

④高压输电线两侧 15 m 内不栽树。

⑤公路桥头两侧 8 m 内不栽树。

⑥遇有出入口、交通标志牌、涵洞、车站电线杆、消火栓、下水口等都应留出适当距离,并尽量注意左右对称。

需要注意的是,在行道树定点放样结束后,必须请设计人员以及有关单位派人验收合格后,方可转入下一步的施工。

2)成片自由式种植绿地定点放样方法

成片自由式绿地的树木种植方式有两种,一种是单株,即在设计图上标出单株位置;另一种是图上标明范围但无具体单株种植位置的树丛片林。其定点放样方法有以下几种。

(1)平板仪定位。依据基点将单株位置以及片林范围按照设计图依次定出,并钉木桩标明,上面注明种植的树种、棵数。

(2)网格法。适用于范围大而地形平坦的大块绿地。按比例在设计图上和现场分别找出距离相等的方格(以 20 m 见方为好)。定点时先在设计图上量好树木与对应方格的纵横坐标距离,再按比例定出现场相应方格的位置,然后钉木桩或撒石灰标明。

(3)交会法。适用于范围较小、现场内有建筑物或其他标记与设计图相符的绿地。如以建筑物的两个固定位置为依据,根据设计图上某树木与该两点的距离,定出植树坑位置。位置确定后必须做出明显标记。并注明树种和刨坑规格。树丛界线要用白灰划清,线圈内钉上木桩,注明树种、数量、坑号,然后用目测的方法确定单株位置,并做上记号。

树丛定位时,应注意以下几点。

①树种、数量、规格应符合设计图的要求。

②树丛内的树木应注意层次,应中间高边缘低或从一侧由高渐低,形成一个流畅的倾斜树冠线。

③现场配置时应注意自然,切忌呆板,千万不能将树丛内的树木平均分布,距离相等,相邻的树木应避免成几何图形或成一条直线。

6. 起苗技术

苗木生长质量是保证挖掘苗质量的基础,而科学的挖掘技术、认真负责的组织操作是保证苗木质量的关键。因此,挖掘苗木是树木栽植的关键步骤之一。挖掘苗木的质量同土壤含水量、工具的锋利程度和包装材料选用等有密切的关系。所以在事前应做好充分的准备工作。

1)挖掘前的准备

(1)按栽植计划选择并标记选中的苗(树)木,注意选择的数量应留有余地,以弥补可能出现的损耗。

(2)对于分枝较低、枝条长而柔软的苗(树)木或冠径较大的灌木,应先用草绳将较粗的枝条向树干绑缚,再用草绳打几道横箍,分层捆住树冠的枝叶,然后用草绳自下而上将各横箍连接起来,使枝叶收拢,以便操作与运输,减少树枝的损伤与折裂。

(3)对于分枝较高、树干裸露、皮薄而光滑的树木,因其对光照与温度反应敏感,若栽植后方向改变易发生日灼和冻害,故在挖掘时应在主干较高处的北面用油漆标出"N"字样,以便按原来的方向栽植。

(4)准备工具、材料。

2)土球规格

应根据树木种类、苗木规格和移栽季节,确定苗木起挖保留根系或土球规格的大小。具体规格应在保证苗木成活的前提下灵活掌握。

苗木据根系分为三种:一是具有较长主根的树种,如美国山核桃、乌桕等,应为圆锥形土球;二是具较深根系的树种,如多数栎类,应为径、高几乎相等的球形;三是根系浅而分布广的树种,如榆、柳、杉等,应为宽而平的土球。

挖掘苗木的规格一般参照苗木的干径和高度来确定。落叶乔木树种,土球的直径为树木胸径的9~12倍;落叶花灌木,如玫瑰、紫叶桃等,土球的直径为苗木高度的1/3左右。分枝点高的常绿树土球直径为胸径的7~10倍,分枝点低的常绿树苗木土球直径为苗高的1/3~1/2,攀缘类苗木的挖掘规格可参照灌木的挖掘规格,也可以根据苗木的根际直径和苗木的年龄来确定。

7.挖掘技术

1)裸根苗

运用裸根苗栽植能保证成活的树种,一般情况下都不用带土球移植。

(1)小苗:起小苗时,沿苗行方向距苗行10~20 cm处挖沟,在沟壁下侧挖出斜槽,根据根系要求的深度切断苗根,再于第二行与第一行之间插入铁锹,切断侧根,然后把苗木推在沟中即可起苗。取苗时注意把根系全部切断后再拣苗,不可硬拔,以免损伤侧根和须根。

(2)大苗:裸根树木根系挖掘应具有一定的幅度与深度。通常乔木树种可按胸径的8~12倍,灌木树种可按灌木丛高度的1/3来确定。根深应按其垂直分布密集深度而定,对于大多数乔木树种来说,60~90 cm深基本上都能符合要求。

挖掘方法:先以树干为圆心,以胸径的4~6倍为半径划圈,于圈外从圈线外侧绕树下挖,垂直下挖至一定深度后再往里掏底,在深挖过程中遇到根系可以切断。圆圈内的土壤可随挖随轻搬动,不能用铁锹等工具向圆内根系砍掘。适度摇动树干寻找深层粗根的方位,并将其切断。需要注意的是如遇难以切断的粗根,应把四周土壤掏空后,用手锯锯断,千万不要强按树干和硬切粗根,以免造成根系劈裂。根系全部切断后,放倒苗木。适度拍打外围土壤。根系的护心土尽可能保存,不要打除。

质量要求:一是所带根系规格应符合设计规定,遇到过大的根可酌情保留;二是苗木的根系丰满,不劈裂,对于病伤劈裂及过长的主侧根适当修剪;三是苗木挖掘结束后应及时运走,否则应进行短期假植,如时间较长,应对其浇水;四是挖掘的土不要乱扔,以便用于填平土坑。

2)土球苗

一般常绿树、名贵树和花灌木的起挖要带土球,土球直径不小于树干胸径的8~10倍,土球纵径通常为横径的2/3;灌木的土球直径约为冠幅的1/3~1/2。为防止挖掘时土球松散,如遇干燥天气,可提前一两天浇以透水,以增加土壤的黏结力,便于操作。挖树时先将树木周围无根生长的表层土壤铲去,在应带土球直径的外侧挖一条操作沟,沟深与土球高度相等,沟壁应垂直;遇到细根用铁锹斩断,胸径 3 cm 以上的粗根,则须用手锯断根,不能用铁锹斩,以免振裂土球。挖至规定深度,用铁锹将土球表面及周边修平,使土球上大下小;主根较深的树种土球呈倒卵形。土球的上表面,宜中部稍高、逐渐向外倾斜,其肩部应圆滑、不留棱角,这样包扎时比较牢固,扎绳不易滑脱。土球的下部直径一般不应超过土球直径的 2/3。自上而下修整土球至一般高时,应逐渐向内缩小至规定的标准。最后用利铲从土球底部斜着向内切断主根,使土球与地底分开。在土球下部主根未切断前,不得扳动树干、硬推土球,以免土球破裂和根系裂损。如土球底部已松散,必须及时堵塞泥土或干草,并包扎紧实。

土球包扎方法如下图所示,带土球的树木是否需要包扎,视土球大小、质地松紧及运输距离的远近而定。一般近距离运输土质紧实、土球较小的树木时,不必包扎。土球直径在 30 cm 以上一律要包扎,以确保土球不散。包扎的方法有多种,最简单的是用草绳上下绕缠几圈,称为简易扎或"西瓜皮"包扎法,也可用塑料布或稻草包裹。较复杂的还有井字式(古钱包式)、五星式和桔子式 3 种。比较贵重的大苗、土球直径在 1 m 左右、运输距离远、土质不太紧实的采用桔子式。而土质坚实、运输距离不太远的,可用五星式或井字式包扎。

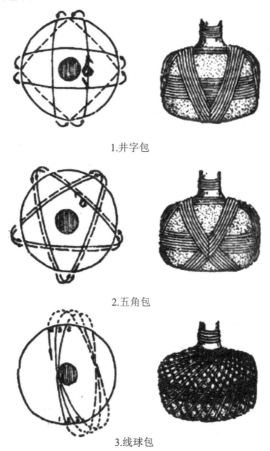

1.井字包

2.五角包

3.线球包

土球包扎

土球包扎过程中,有些地区用双股双轴法,即先用蒲包等软材料把土球包严实,再用草绳固定。包扎时以树干为中心,将双股草绳拴在树干上,然后从土球上部稍倾斜向下绕过土球底部,从对面绕上去,每圈草绳必须绕过树干基部,按顺时针方向距一定间隔缠绕,间距 8 cm(土质疏松可适当加密)。边绕边敲,使草绳嵌得紧些。草绳绕好后,将草绳头拴在树干的基部。南方包扎土球,一般仅采用草绳直接包扎,只有当土质松软时才加用蒲包、麻袋片包裹。

(1)扎腰箍。大土球包扎,土球修整完毕后,先用 1~1.5 cm 粗的草绳(若草绳较细时可并成双股)在土球的中上部打上若干道使土球不易松散,避免挖掘、扎缚时碎裂,称为扎腰箍。草绳最好事先浸湿以增加韧性,届时草绳干后收缩,使土球扎得更紧。扎腰箍应在土球挖至一半高度时进行,2 人操作,1 人将草绳在土球腰部缠绕并拉紧,另 1 人用木槌轻轻拍打,令草绳略嵌入土球内以防松散。待整个土球挖好后再行扎缚,每圈草绳应按顺序一道道地紧密排列,不留空隙,不重叠。到最后一圈时可将绳头压在该圈的下面,收紧后切断。腰箍的圈数(即宽度)视土球的高度而定,一般为土球高度的 1/4~1/3。

腰箍扎好后,在腰箍以下由四周向泥球内侧铲土掏空,直至泥球底部中心尚有土球直径 1/4 左右的土连接时停止,开始扎花箍。花箍扎毕,最后切断主根。

(2)扎花箍。扎花箍的形式主要有井字包(又叫古钱包)、五星包和桔子包三种扎式。运输距离较近、土壤又较黏重时,常采用井字包或五星包的扎式;比较贵重的树木,运输距离较远或土壤的沙性较大时,则常用桔子包扎式。

挖掘方法:开始时先铲除树干附近及其周围的表层土壤,以不伤及表面根系为准。然后按规定半径绕树干基部划圆并在圆外垂直开沟,挖掘到所需深度后再向内掏底,一边挖一边修削土球,并切除露出的根系,使之紧贴土球,伤口要平滑,大切面要消毒防腐。挖好的土球根据树体的大小、根系分布情况、土壤质地及运输距离等来确定是否需要包扎及其包扎方法。如果土壤是黏质土壤,土球比较紧实,运输距离较近,可以不包扎或仅进行简易包扎,如用塑料布等软质材料在坑外铺平,然后将土球挖起修好后放在包装材料上,再将其向上翻起绕干基扎牢;也可用草绳沿土球径向绕几道箍,再在土球中部横向扎一道箍,使径向草绳充分固定就行。

8. 苗木运输

(1)在装运之前应对苗木的种类、数量与规格进行核对,仔细检查苗木质量,淘汰不合要求的苗木,补足所需的数量,并附上标签。标签上注明树种、年龄、产地等。

(2)如是短途运苗,中途最好不要停留,直接运到施工现场。

(3)长途运苗,裸露根系易被吹干,要加盖遮阳材料,注意洒水保湿,中途休息时运苗车应停在阴凉处,运到栽植地后应及时卸车,卸苗时不能从中间和下部抽取,更不能整车推下。有条件的情况下,经长途运输的裸根苗木,当根系较干时应浸水 1~2 d 后再栽植。小土球苗应抱球轻放,不应提树干。较大土球苗,可用长而厚的木板斜搭于车厢,将土球移到板上,顺势慢慢滑动卸下,不能滚卸,以免散球。

9. 假植

苗木运到现场后,未能及时栽植或未栽完的,应视距栽植时间长短分别采取假植措施。

裸根苗可按树种或品种分别集中假植,并做好标记,可在附近选择合适的地点挖浅横沟,2~3 m长,0.3~0.5 m深,将苗木排在沟内,苗木树梢应顺主风方向斜放,紧靠根系再挖一条横沟,用挖出的土埋住前一行的根系,依次一排排假植好,直至假植结束。在此期间,土壤过干应适量浇水,但也不可过湿,以免影响日后的操作。

带土球的苗木在1~2 d内能够栽完的就不必假植,放在阴凉处或使用覆盖物进行覆盖即可;如1~2 d内栽不完,应集中放好,并四周培土,用绳拢好树冠。存放时间较长时,应注意观察土球之间的间隙。如果间隙较大应加细土培好。常绿树在假植期间应在叶面喷水保湿。

10. 种植工程技术

种植时涉及定点挖坑、土壤改良、排水处理、种植、栽后管理等。

1) 栽植坑的准备

(1) 挖坑的规格与要求。要严格按照定点放线的标记,依据一定的规格、形状及质量要求,破土完成挖坑的任务。栽植坑应足够容纳植株的全部根系,避免栽植深度过浅和根系不舒展。其具体规格应根据根系的分布特点、土层厚度、肥力状况等条件而定。坑的直径与深度一般要比根的幅度与深度或土球大20~40 cm,甚至一倍。特别是在贫瘠的土壤中,栽植坑则应更大更深些。在栽植距离很近的情况下做成长方形,抽槽整地。专类园的果园也多抽槽整地。坑或槽壁上下大体垂直,而不应成为锅底形或U形。在挖坑与抽槽时,肥沃的表层土壤与贫瘠的底层土壤应分开放置,拣净所有的石块、瓦砾和妨碍生长的杂物。挖坑时如发现与地下管线相冲突,应先停止操作,及时找有关部门协商解决。坑挖好后按规格、质量要求验收,不合格者应该返工。

(2) 土壤排水与改良。在一般情况下,土壤改良可采用黏土掺沙、沙土掺黏土,并加入适量的腐殖质的方式,以改良土壤结构,增加其通透性。也可以加深加大植树坑,填入部分沙砾或在附近挖一与植树坑底部相通而低(深)于植树坑的渗水暗井,在植树坑的通道内填入树枝、落叶及石砾等混合物,加强根区的地下径流排水。在渍水极端严重的情况下,可用粗约8 cm的农用瓦管铺设地下排水系统。如土层过浅或土质太差应扩大坑的规格,加入优良土壤或全部换土(客土)。

2) 栽植技术

(1) 裸树栽植。通常3人为一组,1人负责扶树和掌握深浅度,2人回填土。先检查树坑的大小是否符合栽植树木根深和根幅的要求。如果树坑合适,先在坑底回垫10~20 cm的疏松土壤,做一馒头形土堆,然后按主要的观赏方向与合适的深度将根系放置于土堆上。并使根系沿馒头形土堆四周自然散开,保证根系舒展,防止窝根。树木放好后可逐渐回填土壤,第一次土壤应牢牢地填在根基上。当土壤回填至坑深约1/2时,可轻轻抖动树木,让细土粒进入土壤空隙,排除土壤空气,使根系与土壤密接。再回填土,逐渐由下至上、由外向内压实,切记不要损伤根系。如果土壤太黏,不要踩得太紧,否则通气不良,会影响根系的正常呼吸。回填土的要求是湿润、疏松、肥沃的细碎土壤,特别是直接与根接触的土壤,一定要细碎、湿润,不要太干也不要太湿。太干浇水,太湿加干土;切忌粗大土块挤压,以免伤根和留下空洞。

裸根树木如果栽植前根系失水过多,应先将植株根系放入水中浸泡10~20 h,充分吸水后栽植,这样有利于树木的成活。小规格乔灌木可在起苗后或栽植前用泥浆打根后栽植,具体方法是用过磷酸钙5份,黄泥15份,加水80份,充分搅拌后,将树木根系浸入泥浆中,使每条根均匀粘上黄泥后栽植,可保护根系,促进成活,但要注意泥浆不能太稠,否则容易起壳脱落,损伤须根。

(2)带土球栽植。带土球栽植技术是将带土球苗小心地放入事先挖掘准备好的栽植坑内,栽植的方向和深度与裸根苗相同。栽植前在保证土球完整的前提下,应将包扎物拆除干净。拆除包装后注意不应推动树干或转动土球,否则会导致土球粉碎。如果包装物拆除比较困难或为防止土球破碎,可剪断包装,尽可能取出包装物,少量的任其在土中腐烂。如果土球破裂,在土填至坑深一半时浇水,使土壤进一步沉实,排除空气,待水渗完后继续踩实。

3)栽植后的养护技术

(1)设支柱。较大规格的树木,栽植后第一年都需要支柱。支柱材料可在实用、美观的前提下根据需要和条件灵活运用。立支柱前一般先用草绳或其他材料绑扎,以防支柱磨伤树皮,然后再立支柱。

(2)浇水。树木支架完成后应沿树坑外缘开堰。堰埂高15~20 cm,用脚将埂踩实,以防浇水时跑水、漏水。第一次浇水应在栽植后24 h之内,水量不宜过大,渗入坑土30 cm上下即可,主要作用是通过灌水使土壤缝隙填实,保证树根与土壤密结。第二次浇水在扶止歪斜树体、修复树堰后进行,以压土填缝为主要目的,时间在第一次浇水后3至5天,浇水后仍应扶直整堰。第三次浇水在第二次浇水后7至10天进行,这次浇水应浇透,即水分渗透到全坑土壤和坑周围的土壤内。

(3)修剪。主要对损伤的枝条和栽植前修剪不够理想的部位进行修剪。

(4)树干包裹。对于新栽的树木,尤其是树皮薄、嫩、光滑的幼树,应进行包干,以防日灼、干燥、减少蛀虫侵染,同时也可以在冬天防止啮齿类动物的啃食。尤其是从阴蔽树林中移出的树木,因其树皮在光照强的情况下极易遭受日灼危害,对树干进行保护性包裹,效果十分显著。包扎物可用细绳牢固地捆在固定的位置上,或从地面开始,一圈一圈互相重叠向上裹至第一分枝处。材料可以选用粗麻布、粗帆布及其他材料(如草绳)。

在多雨季节,由于树皮与包裹材料之间保持过湿状态,容易诱发真菌性溃疡病。若能在包裹之前,于树干上涂抹杀菌剂,则有助于减少病菌感染。

(5)树盘覆盖。栽植的常绿树,用稻草、腐叶土或充分腐熟的肥料覆盖树盘,城市街道树池也可用沙覆盖,以提高树木移栽的成活率。因为适当地覆盖可以减少地表蒸发,保持和防止土坡温湿变幅过大,覆盖物的厚度至少是全部覆盖区都见不到土壤。覆盖物一般应保留越冬,到来年春天揭除或埋入土中。

(6)清理栽植现场。单株树木在浇三次水后应将树堰埋平,使近根基部位高一些,保证雨季时水分能较快排除。如果是大畦灌水,应将畦埂整理整齐,畦内深中耕。

五、大树移植

(一)大树的界定

1. 界定

一般树体胸径在15~20 cm以上,或树高在4~6 m以上,或树龄在20年左右的树木,在园林工程中均可称之为"大树"。

2. 大树移植的概念

壮龄树木或成年树木移植,指胸径在 15~20 cm 以上,或树高 4~6 m 以上,或树龄 20 年以上的树木的移植。

3. 目的及意义

(1)调整绿地树木密度:初植密度大,随着生长调整密度。

(2)建设工地原有树木保护:①尽可能保留;②必要性移植。

(3)城市景观建设需要:易形成景观,但不能过分强调大树,大树进城要适度控制。

(二)大树移植的特点

绿化效果快速、显著;移栽周期长;工程量大,费用高;影响因素多,成活难度大。

在绿化用地较为紧张的城市中心区域或城市绿化景观的重要地段,如城市中心绿地广场、城市标志性景观绿地、城市主要景观走廊等,适当考虑大树移植以促进景观效果的早日形成,具有重要的现实意义。目前我国的大树移植,多以牺牲局部地区特别是经济不发达地区的生态环境为代价,故非特殊需要,不倡导多用,更不能成为城市绿地建设中的主要方向。

(三)树体选择的原则

(1)树体规格适中。一般乔木树种,以树高 4 m 以上、胸径 15~25 cm 的树木最为合适。

(2)树体年龄青壮。大树移栽应选择青壮龄树木。一般慢生树种应选 20~30 年生的植株,速生树种应选 10~20 年生的植株,中生树种应选 15 年生的植株。

(3)就近选择原则。以选择乡土树种为主、外来树种为辅,坚持就近选择为先的原则,尽量避免远距离调运大树,使其在适宜的生长环境中发挥最大优势。

(4)科学配置原则。

(5)科技领先原则。

(6)严格控制原则。大树的移植数量最好控制在绿地树种种植总量的 5%~10%。来源上杜绝破坏性移植大树。

(四)移植前的准备和处理

(1)选树:根据栽植地的立地条件和设计要求的规格选择适合的树木,最好是青壮龄树木;选好后在胸径处作标记,以便按阴阳面移植。

(2)切根(围根):移植前 1~3 年的春季或秋季进行,分期切断待移植树木的主要根系,促发须根,便于起掘和栽植,利于成活。切根挖掘时若遇到粗根,可锯断,不可劈裂,切口与围沟内壁平齐,直径 5 cm 以上的粗根不切断,以防树倒伏,可行环剥(宽 10 cm),并在切口处涂抹 0.1% 的吲哚乙酸或萘乙酸。处理好后填埋肥土,定期浇水促发新根。

(3)修剪树冠:切根处理后,因根系损伤严重,为减少蒸腾失水,需修剪树冠,修剪强度因树种而异。但都不应破坏原来的树形、姿态。常绿树种宜轻剪;落叶树种休眠期移栽可不剪,生长季尤其是高温季节移栽可去掉 2~3 个主枝,甚至 50%~70% 的枝叶,注意保持树形;对萌芽力强的树种可行截干,即剪截全部树冠(不提倡)。目前国内大树移植主要采用的树冠修剪方式有3种。

①全株式。原则上只将徒长枝、交叉枝、病虫枝、枯弱枝及过密枝剪除,如雪松。

②截枝式。只保留到树冠的一级分枝,将其上部截除,多用于生长速度和发枝力中等的树种,如广玉兰、香樟、银杏等,应控制使用。

③截干式。将整个树冠截除,只保留一定高度的主干,多用于生长速度快、发枝力强的树种,如悬铃木、国槐、女贞等,正在放弃使用。

(五)大树移植技术

1. 挖掘与包装

(1)挖掘前如土壤干旱,应提前1~2 d适度浇水,并清理树木周边障碍物;包扎树身,将树干和树冠用草绳包扎,注意不要折断树枝。

(2)根据树木胸径大小确定土球直径,一般的土球直径为树木胸径的7~10倍,土球高度依树体大小而定,以60~100 cm为宜。大树起挖过程为:①将土球四周的土挖出;②球体底面离地;③将球体包严固定;④用绳索捆扎;⑤将木板放入球体下;⑥准备启运。

(3)挖好后,对土球进行修整,并包扎;土球不易松散则可用草绳包装,否则需用软材或木箱包装,严防土球散裂。

①带土球软材包装。适于移植胸径15~20 cm的大树。土球直径为大树胸径的7~8倍,厚60~80 cm(约为土球直径的2/3),表层土铲至见侧根细根。土球用预先湿润过的草绳、蒲包片、麻袋片等软材包扎。实施过断根缩坨处理的大树,填埋沟内新根较多,尤以坨外为盛,起掘时应沿断根沟外侧再放宽20~30 cm。

②带土球方箱包装。适于移植胸径20~30 cm、土球直径超过1.4 m的大树,可确保安全吊运。

2. 装运

大树移栽过程中,必要时可使用起重机械进行吊装,装运时要防止树木损伤和土球松散。

3. 栽植

(1)栽植前,检查树穴大小及深度,要求树穴直径大于土球直径40~50 cm,比土球高度深20~30 cm;土球底部有散落时,应在相应部位填土,避免树穴空洞。

(2)吊装就位时,将树冠丰满面朝向主观赏方向,拆除包装材料,可对树根喷施生根激素;栽植深度以土球表层高于地表20~30 cm为宜。填土踏实,避免根系周围出现空隙,做好浇水围堰。

4. 栽植后养护

(1)支撑:设立支撑及围护,大树的支撑宜用三角或井字四角支撑。支撑点以树体高2/3左右处为好,并加垫保护层,以防伤皮。

(2)裹干:裹草、缠绳、裹草绑膜、缠绳绑膜等。须经过1~2年的生长周期,树木生长稳定后,方可卸下。

(3)水肥:栽植后浇透水,2~3 d内浇复水,浇足浇透;如树穴周围出现下沉时及时填平。栽植后应保持至少1个月的树冠喷雾和树干保湿。结合树冠水分管理,每隔20~30 d用100 mg/L的尿素、150 mg/L的磷酸二氢钾喷洒叶面,有利于维持树体养分平衡。

(4)遮阴：移植留有树冠的常绿树木,必要时栽后架设遮阴网以减少蒸腾失水。

(5)树盘处理：人流量大的地方应铺设透气材料,以防土壤板结。也可在树盘种植地被植物。

(6)树体防护：首先,入秋后要控施氮肥,增施磷钾肥,并逐步撤除阴棚,延长光照时间。其次,在入冬寒潮来临之前,做好树体保温工作,可采取覆土、裹干、设立风障等方法。

5. 提高大树移植成活率的措施

1)使用 ABT 生根粉

采用软材包装移植大树时,可选用 ABT 1 号、ABT 3 号生根粉处理树体根部,可有利于树木在移植和养护过程中损伤根系的快速恢复,促进树体的水分平衡,提高移植成活率。掘树时,对直径大于 3 cm 的短根伤口喷涂 150 mg/L ABT 1 号生根粉,以促进伤口愈合。

修根时,若遇土球掉土过多,可用拌有生根粉的黄泥浆涂刷。

2)使用保水剂

主要应用的保水剂为聚丙烯酰胺。使用时,以 0.1% 的比例加入有效根干土层中并拌匀,再浇透水;或让保水剂吸足水成饱和凝胶,以 10%~15% 的比例加入与土拌匀。

北方地区大树移植时拌土使用,一般在树冠垂直位置挖 2~4 个坑,长、宽、深为 1.2 m、0.5 m、0.6 m,分三层放入保水剂,分层夯实并铺上干草。一般用量为 150~300 g/株。

3)输液促活技术

输入的液体以水分为主,可配入微量的植物生长激素和磷、钾等矿物质元素。为了增强水的活性,可以使用磁化水或冷开水,同时每千克水中可溶入 ABT 5 号生根粉 0.1 g,磷酸二氢钾 0.5 g。输液方法如下。

(1)用木工钻在树体的基部钻洞孔数个,孔向朝下与树干成 30°夹角,以深至髓心为度。孔径应和输液插头的直径相匹配。一般钻孔 1~4 个。输液孔的水平分布要均匀,纵向错开,不宜处于同一垂直线方向。

(2)注射器注射。将树干注射器针头拧入输液孔中,把贮液瓶倒挂于高处,结束后拔出针头,用胶布封住孔口。

(3)喷雾器压输。喷雾器安装锥形空心喷管插头,加压,输液,当用手柄打气费力时即可停止输液,并封好孔口。

(4)挂液瓶导输。贮液瓶钉挂在孔洞上方,把棉芯线的两头分别伸入贮液瓶底和输液洞孔底,外露棉芯线应套上塑料管,防止污染。

6. 提高大树移植成活率的养护技术

1)植皮与损伤皮复原技术

大树植皮的一般步骤如下。

(1)对撕裂的树皮消毒后进行复原处理(绑紧或钉紧)。

(2)对掉落的树皮,如能找到,消毒后立即进行复原处理,如无法找到,用本树切下枝的树皮进行植皮,或用植皮涂敷料进行涂抹并用纱布或无纺布包扎(损伤部位和植入皮均应做消毒处理)。

(3)枝干断面经消毒敷料后,戴上罩帽。

(4)在损皮附近插入动力液(直插瓶),促进伤皮愈合和再生。

2)大树抑制蒸腾技术

(1)作用特点:对移栽大树在运输途中和移栽后的过度蒸腾起抑制作用,能促进气孔关闭和延缓树体新陈代谢,减少树体水分消耗,提高大树移栽成活率;同时,也适用于高温、干旱条件下的树木防树体失水,减弱蒸腾,减少对水分的需求,抗旱、抗逆能力强。

(2)用法用量:将本品稀释50～100倍后对整株喷雾(稀释500～600倍使用),包括树干及叶面,以喷湿不滴水为度,可连喷2次,每次间隔5～7 d,一般在18:00后使用,用后8 h内不能向树体浇水。

(3)适用范围:新移栽的苗木和大树;气温高、干旱缺水环境中的植物;植物种植后的养护管理;苗木及大型树木的移栽运输。

3)大树移栽促生根技术

(1)大树根动力(喷施型)。

作用特点:能激活根髓组织活性,诱导产生促根活性物质,促进大树快速生根,提高大树移栽成活率。

用法用量:根部喷施,将喷施剂稀释200倍,喷于起挖后准备移栽的大树根部(包括土球),重点喷树根断面及根系,喷后即可移栽,以完全喷湿根部为度;1瓶50 mL的药剂,对胸径15 cm左右的大树(带土球的)可喷10～12棵。

注意事项:①适用于胸径5 cm以上的移栽树木。②禁止在移栽后浇灌大树根部。③大树移栽技术性强,移栽的成活率与移栽季节、移栽操作细节、移栽后的环境、温湿度和移栽树品种等诸多因素关系密切。④在挖树、吊运、移栽等各环节应注意保护树体及根部,且根部带泥团效果更佳。

(2)大树根动力(浇灌型)。

作用特点:浇灌剂中诱导剂、氨基酸螯合的多种微量稀有元素,可为根系生长提供内源动力,诱导激活根系活力,促使大树快速生根;能改善根际环境条件,增强根的布展力和营养吸收力;能及时提供大树生长所需要的多种营养物质,提高大树成活率。

用法用量:浇灌剂有200 mL和1000 mL两种规格,200 mL包装的为超浓缩型,稀释2000倍浇灌;1000 mL包装的稀释100～200倍浇灌。可连续浇灌两次,间隔期为15～20 d,在浇灌前,应在土球外围5 cm处开一条深20 cm左右的环状沟,并适当疏松表层土壤,采用慢灌法用药,以利于根系吸收,浇后回填。

适用时期:①在大树移栽时作为定根水浇灌用,尽量灌透。②大树出现根系活力差或根系生长出现障碍需刺激根系活力时采用。

注意事项:①选阴天或晴天17:00后施用。②不能与碱性物质混用。③高温干旱时使用应适当增加兑水量,可配合常规浇水使用。

4)愈伤涂抹、防腐技术

大树愈伤涂膜剂可促进伤口愈合,防腐烂。

(1)作用特点:①在植物切口能够迅速形成保护膜,具有保湿保墒的膜透性,防止水分、养分的流失。②加入了细胞激动素、细胞分裂素,能够促进愈伤组织的再生,促使伤口快速愈合。③植物伤口的防污、消毒、杀菌防腐。④不灼伤树体,成膜后耐雨水冲刷。

(2)用法用量:直接用刷子将愈伤涂膜剂涂抹在伤口上,以均匀涂满树体伤口为宜。表干时间:干燥晴天为2 h左右,潮湿阴天为4 h左右,未表干时如遇雨应补刷。每500 g能涂刷直径5 cm的切口2000~3000个。

(3)适用范围:树体修剪口(切口)的杀菌防腐,促进愈合;减少修剪口的水分和养分流失;树体枝干及树皮受伤、受病虫害后的涂抹;促进伤口愈合,减少伤口疤痕。

(4)注意事项:①久置若有少量分层,属正常现象,使用时搅匀不影响效果。②若黏度过大,使用时可加水10%稀释搅匀后使用。③不宜涂刷过厚,以均匀涂刷一薄层为度。④为环保水溶性成膜剂,对操作人员安全。

5)大树营养液应用技术

(1)大树营养液的作用特点:给树体输液和给人体输液的道理相同,都是为了补充生命液(以达到维持生命和正常新陈代谢)。给树体输入树体生命液,能提供大树生长活性物质,促进树体生长,激活大树的细胞活性,增强树势的恢复力,提高成活率,复壮快。具有使用方便、节约水肥、利用率高、安全环保、见效快等特点。

(2)输液适用范围:大树移栽促成活,园林名木古树、老弱病残树等养护及复壮。

(3)吊注输液时期:大树移栽前后及运输过程中及各个生长时期。

(4)用法用量:用手将封口盖拧开,然后将输液管转换管插入封口拧紧,将袋子提高排出管内的空气,用力将针管塞入钻孔内,并用钳子掐紧,掐紧后观察使其不漏液,以后根据树势的恢复情况确定是否再吊注。

(5)树木胸径、钻孔数与吊袋数的关系见下表。

树木胸径(cm)	5~10	10~20	20~30	30以上
钻孔个数(个)	2	4	6	8
吊袋数量(个)	1	2	3	4

注:在吊完后,根据树势、天气等情况确定是否还要吊注。

(6)树木胸径与钻孔角度、孔径及深度的关系。钻孔方法:用直径为5.5 mm的钻头斜向下与水平成45°角钻孔。钻孔时,孔与孔之间错开,按均分原则,钻至木质部3~5 cm,以不超过树木主干胸径的2/3为宜。

(7)使用注意事项:输液结束后,用杀菌剂250~300倍液涂刷孔口消毒,然后用干树枝塞紧注孔,与树皮齐平,并涂上愈伤涂膜剂促进伤口快速愈合。主干胸径小于5 cm的幼树不宜使用,严禁超浓度、超剂量使用药肥(输水不限量)。嫁接的大树依树势而定。药液吊完后,可连加3~4次清水给树体补充水分,水分补充完后,立即将插头拔除,处理孔口,防止孔口长期被水浸泡腐烂。无用药经验,无事先试用的树种,必须先小范围试用成功后再扩大使用。

6)大树吊针输液技术

(1)主要成分:大树吊针注射原液(超浓缩型)含多种氨基酸及植物生长所需要的其他营养元素,如稀土及高活性有机质,另外还加有树体专用功能剂,如促根、促芽活性物质,诱抗剂等。

(2)作用特点:根据给人体输液的原理给大树输液,能及时补充树体生长所需的多种营养物质,吸收利用率高。对植物难吸收的营养元素,如铁、锌、钙、钼等,通过氨基酸高度螯合,形态稳定,易吸收、活性高;对出现缺素症状和移栽养护促成活的树木效果特别明显,植物使用安全。

(3)使用时期:在树体生长期、移栽前后及运输过程中,老弱病残树的各个生长时期,输液时期不受限制,但使用注射液的浓度在各个时期是不同的,休眠期浓度高些,生长期浓度低些。

(4)使用方法:用清洁水或凉开水稀释后在根颈部打孔吊注。①刚移栽的树或在树木生长期使用,兑水 400～600 倍。根据施药后树体恢复情况,可适当增加用药次数,间隔期 15～20 d。②休眠期使用:兑水 150～200 倍,落叶树在落叶后使用,常绿树一般在越冬期使用,用一次即可。③注入剂量:依据树干胸径大小确定用量,胸径为 5～7 cm 的树用稀释液 0.25 kg,胸径为 7～20 cm 的树其用药量在 0.25 kg 基础上树胸径每增加 1 cm 增加稀释液 0.12 kg,主干胸径超过 20 cm 的大树,胸径每增加 1 cm 增加稀释液 0.2 kg,具体用药量还要考虑树冠的大小和长势的强弱,建议在专家的指导下进行。

(5)注意事项:①输液结束后,用杀菌剂 250～300 倍液涂刷孔口消毒,然后用干树枝塞紧注孔,与树皮齐平,并涂上愈伤涂膜剂促使伤口快速愈合。主干胸径小于 5 cm 的幼树不宜使用,严禁超浓度、超剂量使用药肥(输水不限量)。②药液吊完后,可连加 3～4 次清水给树体补充水分,水分补充完毕后,立即将插头拔除,处理孔口,防止孔口长期被水浸泡腐烂。③无用药经验,无事先试用的树种,必须先小范围试用成功后再扩大使用。④原液稀释前先摇匀后,再兑水稀释。

六、常绿乔木养护管理

(一)灌水与排水

园林植物的生存离不开水分,水分缺乏会使植物处于萎蔫状态,轻者叶色暗浅,干边无光泽,叶面出现焦枯斑点,新芽、幼蕾、幼花干尖、干瓣并早期脱落,重者新梢停止生长,往往自下而上发黄变枯、落叶,甚至整株干枯死亡。但水分过多会造成植株徒长,引起倒伏,抑制花芽分化,延迟开花期,易出现烂花、落蕾、落果现象,特别是当土壤水分过多时,土壤会缺氧从而引起厌氧细菌活动,由此产生大量有毒物质的积累,导致根系发霉腐烂,窒息死亡。因此,在生产中,根据园林植物在一年中各个物候期的需水特点、气候特点和土壤的含水量等情况,适时适量灌溉,是园林植物正常生长发育的重要保障。

1. 灌溉

灌溉要注意灌溉时期、灌溉量、灌溉次数、灌溉方法及灌溉用水。

1)灌溉时期

(1)春季灌溉。随气温的升高植物进入萌芽期、展叶期、抽枝期,此时北方一些地区干旱、少雨、多风,及时灌溉显得相当重要。早春灌溉不但能补充土壤中的水分,也能防止春寒及晚霜对植物造成的危害。

(2)夏季灌溉。夏季气温较高,植物处于生长旺季,开花、花芽分化、结幼果都需要消耗大量水分,因此需结合植物生长阶段的特点及本地的降水量,决定是否灌溉。对于一些进行花芽分化的花灌木要适当控水,以抑制枝叶生长,保证花芽的质量。

(3)秋季灌溉。随气温的下降,植物的生长逐渐减慢,要控制浇水以促进植物组织生长充实,加强抗寒锻炼。

(4)冬季灌溉。北方地区严寒多风,为了防止植物受冻害或植物因过度失水而枯梢。在入冬前,需灌冻水。尤其是对于幼年植物、新栽植物及越冬困难的植物,一定要灌冻水,以提高植物的越冬能力。

另外,植株移植、定植后也要浇透水。因移植会使一部分根系受损,吸水力减弱,此时如不及时灌水,会使植株因干旱而生长受阻,甚至死亡。一般来说,在少雨季节移植后应间隔数日连灌3~4次水。但灌水不宜过多,以免积水过多导致根系腐烂。一天内灌水时间最好在清晨,此时水温与地温接近,不会因灌水引起土温变化剧烈而影响根系的吸收。春秋季上午或下午浇水,夏季在早晚凉爽时浇水,冬季应在中午浇水。

2)灌溉量

木本植物相对于草本植物而言较耐旱,灌溉量要小。耐旱的植物如樟子松、油松、马尾松、腊梅、仙人掌等,其灌水量和灌水次数应少,且应注意排水;而对于水曲柳、垂柳、落羽杉、水松、水杉等喜欢水湿的树种应注意灌水。

植物生长旺盛期,如枝梢迅速生长期、果实膨大期,灌水量应大些,灌溉次数应多些。沙土灌水量应大,黏土灌水量应少些,盐碱土灌水量每次不宜过多,以防返碱或返盐。干旱少雨天气,应加大灌溉量,降雨集中期,应少浇或不浇。

掌握灌溉量大小的一个基本原则是保证根系集中分布层处于湿润状态,即根系分布范围内的土壤湿度达到田间最大持水量的70%左右。

3)灌溉方法

灌水方法正确与否,不但关系到灌水效果的好坏,而且还影响土壤的结构。正确的灌水方法,可使水分在土壤中均匀分布,充分发挥水效,节约用水量,降低灌水成本,减少土壤冲刷,保持土壤的良好结构。随着科学技术的发展,灌水方法也在不断改进,正朝着机械化、自动化方向发展,使灌水效率和灌水效果均大幅度提高。根据供水方式的不同,将园林植物的灌水方法分为以下三种。

(1)地上灌水。地上灌水包括人工浇灌、机械喷灌和移动式喷灌。

①人工浇灌费工多、效率低,现在在园林绿地中使用不多。现在基本使用机械喷灌和移动式喷灌。

②机械喷灌是用固定或可拆卸式的管道输送和喷灌,一般由水源、动力、水泵、输水管道及喷头等部分组成,是一种比较先进的灌水技术,目前已广泛用于园林苗圃、园林草坪以及重要的绿地系统。其优点是:灌溉水首先是以雾化状洒落在植物上,然后再通过植物枝叶逐渐下渗至地表,避免了对土地的直接打击、冲刷,基本不产生深层渗漏和地表径流,既节约用水又减少了对土壤结构的破坏,可保持原有土壤的疏松状态;同时,机械喷灌还能迅速提高周围的空气湿度,控制局部环境温度的急剧变化,为植物生长创造良好条件;此外,机械喷灌对土地的平整度要求不高,可以节约劳动力,提高工作效率。机械喷灌的缺点:可能加重某些园林植物感染白粉病和其他真菌病害的程度;灌水的均匀性受风的影响很大,风力过大,还会增加水量损失;同时,喷灌的设备价

格和管理维护费用较高,使其应用范围受到一定限制。

③移动式喷灌设备一般由城市洒水车改造而成,在汽车上安装贮水箱、水泵、水管及喷头,组成一个完整的喷灌系统,灌溉的效果与机械喷灌相似。由于移动式喷灌具有移动灵活的优点,因而常用于城市街道行道树的灌水。

(2)地面灌水。地面灌水可分为漫灌与滴灌两种形式。

前者是一种大面积的表面灌水方式,因用水极不经济也不科学,生产上已很少采用;后者是近年来发展起来的机械化、自动化的先进灌溉技术,它是将灌溉用水以水滴或细小水流形式,缓慢地施于植物根域的灌水方法。滴灌的效果与机械喷灌相似,但比机械喷灌更节约用水。不过滴灌对小气候的调节作用较差,而且耗管材多,对用水质量要求严格,管道和滴头容易堵塞。目前的自动化滴灌装置,其自动控制方法可分时间控制法、电力抵抗法和土壤水分张力计自动控制法等,广泛用于花卉的栽培生产中以及庭院观赏树木的养护中。滴灌系统的主要组成部分包括水泵、化肥罐、过滤器、输水管、灌水管和滴水管等。

(3)地下灌水。地下灌水是借助于地下的管道系统,使灌溉水在土壤毛细管作用下,向周围扩散浸润植物根区土壤的灌溉方法。地下灌水具有蒸发量小、节省灌溉用水、不破坏土壤结构、地下管道系统在雨季还可用于排水等优点。地下灌水分为沟灌与渗灌两种。沟灌是用高畦低沟办法,引水沿沟底流动来浸润周围土壤。灌溉沟有明沟与暗沟、土沟与石沟之分,石沟的沟壁设有小型渗漏孔。渗灌是采用地下管道系统的一种地下灌水方式,整个系统包括输水管道和渗水管道两大部分,通过输水管道将灌溉水输送至灌溉地的渗水管道,做成暗渠和明渠均可,但应有一定比降。渗水管道的作用在于通过管道上的小孔使水渗入土壤中,目前常用的有专门烧制的多孔瓦管、多孔水泥管、竹管以及波纹塑料管等,生产上应用较多的是多孔瓦管。

4)灌溉用水

灌溉用水以软水为宜,避免使用硬水。自来水及不含碱质的井水、河水、湖水、池塘水、雨水都可以用来浇灌植物,切忌使用工厂排出的废水、污水。在灌溉过程中,应注意灌溉用水的酸碱度对植物的生长是否适宜。

2. 排水

园林绿地的排水是一项专业性的基础工程,在园林规划及土建施工时应统筹安排,建好畅通的排水系统。园林植物的排水通常有以下四种。

1)明沟排水

明沟排水是在地面上挖掘明沟,排除径流。它常由小排水沟、支排水沟以及主排水沟等组成一个完整的排水系统,在地势最低处设置总排水沟。这种排水系统的布局多与道路走向一致,各级排水沟的走向最好相互垂直,但在两沟相交处应成锐角相交,以利水流通畅,防止相交处沟道淤塞,且各级排水沟的纵向比降应大小有别。

2.暗沟排水

暗沟排水是在地下埋设管道形成地下排水系统,将地下水降到要求的深度。暗沟排水系统与明沟排水系统基本相同,也有干管、支管和排水管之别。暗沟排水的管道多由塑料管、混凝土管或瓦管做成。建设时,各级管道需按水力学要求的指标组合施工,以确保水流畅通,防止淤塞。

3) 滤水层排水

滤水层排水实际就是一种地下排水方法,一般是对低洼积水地以及透水性极差的立地上栽种的植物,或对一些极不耐水湿的植物在栽植初采取的排水措施,即在植物生长的土壤下层填埋一定深度的煤渣、碎石等材料,形成滤水层,并在周围设置排水孔,遇积水就能及时排除。这种排水方法只能小范围使用,起到局部排水的作用。

4) 地面排水

这是目前使用最广泛、最经济的一种排水方法。它是通过道路、广场等地面,汇聚雨水,然后集中到排水沟,从而避免绿地植物遭受水淹。不过,地面排水方法需要设计者经过精心设计安排,才能达到预期效果。

(二) 园林植物的施肥

园林植物的施肥涉及施肥时期、施肥方法、施肥的深度和范围、施肥量等。

1. 施肥的时期

根据肥料的性质和施用时期不同,园林植物的施肥可分为基肥和追肥两种。基肥要早,追肥要巧。

(1) 基肥以有机肥为主,是在较长时期内供给园林植物多种养分的基础性肥料,所以宜施迟效性有机肥料,如腐殖酸类肥料、堆肥、厩肥、圈肥、粪肥、鱼肥、骨粉、血肥、复合肥、长效肥以及植物枯枝落叶、作物秸秆等,基肥通常在栽植前施入。栽植前施入基肥,不但有利于提高土壤孔隙度,疏松土壤,改善土壤中水、肥、气、热状况,促进微生物的活动,而且还能在相当长的一段时间内源源不断地供给植物所需的大量元素和微量元素。对于园林树木,成活后根据生长情况,结合土壤深翻需施秋季基肥,促进来年树木生长。

(2) 追肥一般多用速效性无机肥,并根据园林植物一年中各物候期特点来施用。在生产上分前期追肥和后期追肥。前期追肥又分为开花前追肥、落花后追肥和花芽分化期追肥。具体追肥时间与植物种类、品种习性以及气候、年龄、用途等有关。如对观花观果树木,花芽分化期和花后的追肥尤为重要,而对大多数园林植物来说,一年中生长旺期的抽梢追肥常常是必不可少的。与基肥相比,追肥施用的次数较多,但一次性用肥量却较少。对于观花灌木、庭荫树、行道树以及重点观赏树种,应在每年的生长期进行2～3次追肥,且土壤追肥与根外追肥均可。

2. 施肥的方法

根据施肥部位的不同,施肥方法主要有土壤施肥和根外施肥两大类。土壤施肥就是将肥料直接施入土壤中,然后通过植物根系进行吸收的施肥,它是园林植物主要的施肥方法。

1) 施肥的位置

对于草坪和地被全面撒施即可。对于树木,一般吸收根水平分布的密集范围约在树冠垂直投影轮廓(滴水线)附近,大多数树木在其树冠投影中心约1/3半径范围内几乎没有什么吸收根。因此,施肥的水平位置一般应在树冠投影半径的1/3倍至滴水线附近;垂直深度应在密集根层以上40～60 cm。在土壤中给树木施肥一定要注意三个问题:一是不要靠近树干基部;二是不要太浅,避免简单地地面喷撒;三是不要太深,般不超过 60 cm。目前树木施肥中普遍存在的错误是把肥料直接施在树干周围,这样特别容易对幼树根颈造成烧伤。

2)土壤施肥的方法

(1)地表施肥,即撒施,但注意必须同时松土或浇水,使肥料进入土层才能获得比较满意的效果。因为肥料中的许多元素,特别是磷、钾不容易在土壤中移动而保留在施用的地方,会诱使树木根系向地表伸展,从而降低了树木的抗性,同时需要特别注意的是不要在树干 30 cm 以内干施化肥,否则会造成根颈和干基的损伤。对于树木地表施肥分以下 3 种方法。

①沟状施肥:沟施法是基于把营养元素尽可能施在根系附近而发展起来的。可分为环状沟施及辐射沟施等方法。

a.环状沟施。环状沟施又可分为全环沟施与局部环施。全环沟施是沿树冠滴水线挖宽 60 cm,深达密集根层附近的沟,将肥料与适量的土壤充分混合后填入沟内,表层盖表土。局部沟施与全环沟施基本相同,只是将树冠滴水线分成 4~8 等份,间隔开沟施肥。其优点是断根较少。

b.辐射沟施。从离干基约为 1/3 树冠投影半径的地方开始至滴水线附近,等距离间隔挖 4~8 条宽 30~65 cm、深达根系密集层、内浅外深、内窄外宽的辐射沟,与环状沟施一样施肥后盖土。

沟施的缺点是施肥面积占根系水平分布范围的比例小,开沟损伤了许多根,对草坪上生长的树木施肥,会造成草皮的局部破坏。

②穴状施肥:是指在施肥区内挖穴施肥。这种方法简单易行,但在给草坪树木施肥中也会造成草皮的局部破坏。目前国外穴状施肥已实现了机械化操作,把配制好的肥料装入特制容器内,依靠空气压缩机通过钢钻直接将肥料送入土壤中,供树木根系吸收利用。这种方法快速省工,对地面破坏小,特别适合城市铺装地面中树木的施肥。

③打孔施肥:是由穴状施肥衍变而来的一种方法。通常大树或草坪上生长的树木都采用孔施法。这种方法可使肥料遍布整个根系分布区。方法是每隔 60~80 cm 在施肥区打一个 30~60 cm 深的孔,按额定施肥量将肥料均匀地施入各个孔中,约达孔深的 2/3,然后用泥炭、碎粪肥或表土堵塞孔洞、踩紧。

(2)根外施肥(叶面施肥),是用机械的方法,将按一定浓度配制好的肥料溶液直接喷洒到植物的叶面上,通过叶面气孔和角质层的吸收,转移运输到植物体的各个器官。叶面施肥具有简单易行、用肥量小、吸收见效快、可满足园林植物急需等优点,避免了营养元素在土壤中的化学或生物固定。因此,在早春植物根系恢复吸收功能前,在缺水季节或缺水地区以及不便土壤施肥的地方,均可采用叶面施肥。同时,该方法还特别适合于微量元素的施用以及对树体高大、根系吸收能力衰竭的古树、大树的施肥。叶面施肥的效果与叶龄、叶面结构、肥料性质、气温、湿度、风速等密切相关。幼叶生理机能旺盛,气孔所占比重较大,较老叶吸收速度快、效率高;叶背较叶面气孔多,且表皮层下具有较疏松的海绵组织,细胞间隙大而多,利于渗透和吸收。因此,应对树叶正反两面进行喷雾。许多试验表明:叶面施肥最适温度为 18~25 ℃。湿度大些效果好,因而夏季最好在上午 10:00 以前和下午 16:00 以后喷雾,以免气温高,溶液很快浓缩,影响喷肥效果或导致药害。

叶面施肥多作追肥施用,生产上常与病虫害的防治结合进行,因而药液浓度至关重要。在没有足够把握的情况下,应宁淡勿浓。喷布前需做小型试验,确定不会引起药害,方可大面积喷布。

3. 施肥深度和范围

施肥主要是为了满足植物根系对生长发育所需各种营养元素的吸收和利用。只有将肥料施在距根系集中分布层稍深、稍远的部位,才利于根系向更深、更广的方向拓展,以便形成强大的根系,扩大吸收面积,提高吸收能力,因此,施肥的深度和范围对施肥效果影响很大。

施肥的深度和范围,要依据植物种类、年龄及土质、肥料性质等而定。木本花卉、小灌木(如米兰、丁香、连翘、桂花、黄栌等)和高大的乔木相比,施肥相对要浅,范围要小。幼树根系浅,分布范围小,一般施肥较中壮年树浅、范围小。沙地、坡地和多雨地区,养分易流失,宜在植物需要时深施。

氮肥因易移动,可浅施;钾肥、磷肥不易移动,应深施;因磷在土壤中容易被固定,为充分发挥肥效,施用磷酸钙和骨粉时,应与圈肥、人粪尿等混合均匀,堆积腐熟后作为基肥施用,效果更好。

4. 施肥量

施肥量受植物种类、土壤状况、肥料种类及植物营养状况等多方面因素影响。如茉莉、月季、梅花、桂花、牡丹等树种喜肥,施肥量应大,沙棘、刺槐、悬铃木、油松等较耐瘠薄,施肥量可少。开花结果多的大树较开花结果少的小树多施,一般胸径8~10 cm的树木,每株施堆肥25~50 kg或浓粪尿12~25 kg,胸径10 cm以上的大树,每株施浓粪尿25~50 kg。草本花卉的施肥量见下表。

花卉施肥量　　　　　　　　　　　　　　　　单位:kg/667 m²

施肥类别	花卉类别	N	P_2O_5	K_2O
一般标准	一二年生草 宿根与球根类	6.27~15.07 10.0~15.07	5.00~15.07 6.87~15.07	5.00~11.27 12.53~20.00
基肥	一二年生草 宿根与球根类	2.64~2.80 4.84~5.13	2.67~3.33 5.34~6.67	3 6
追肥	一二年生草 宿根与球根类	1.98~2.10 1.10~1.17	1.60~2.00 0.85~1.07	1.67 1.00

(三)松土除草

松土除草是园林植物抚育管理措施中最主要的技术之一。松土的作用在于疏松表层土壤,切断上下土层之间的毛细管联系,减少水分蒸发;改善土壤的保水性、透水性和通气性;促进土壤微生物的活动,加速有机质分解。但是不同地区松土的主要作用有明显差异:干旱、半干旱地区主要是为了保墒蓄水;水分过剩地区在于提高地温,增强土壤的通气性;盐碱地则是为了减少春秋返碱时盐分在地表积累。因此,松土可以全面改善土壤的营养状况,有利于园林植物的存活和生长。

除草主要是清除与园林植物竞争的各种植物。因为杂草、灌木不仅数量多,而且繁殖容易,适应能力强,具有快速占领大面积营养空间,争夺并消耗大量水分、养分和光照的能力。

杂草、灌木的根系发达、密集、分布范围广，又常形成紧实的根系盘结层，阻碍其他植物根系尤其是幼树植物根系的自由伸展。使植株发育不良，生长衰弱，降低对各种灾害的抵抗力，有些杂草甚至能分泌有毒物质，直接危害植物生长。一些杂草、灌木作为某些植物病害的中间寄主，是引起植物病害发生与传播的重要媒介。当然杂草、灌木也有为苗木适度庇荫、防止日灼、挡风防寒、减轻冻害以及预防土壤侵蚀的作用。

松土、除草一般同时进行，也可以根据具体情况单独进行。在植物生长期内，一般要做到见草就除。

除草松土的次数要根据气候、植物种类、土壤等而定。如灌木、大乔木可两年一次，草本植物则一年多次。具体的除草松土时间可安排在天气晴朗或雨后，土壤不过干和不过湿时，以获得最好的除草保墒效果。

松土除草的深度，应根据植物生长情况和土壤条件确定。生长初期，苗木根系分布浅，松土不宜太深，随植物年龄的增大，可逐步加深；土壤质地黏重、表土板结或长期失管，而根系再生能力又较弱的植物，可适当深松；特别干旱的地方，可再深松一些。总之是里浅外深；树小浅松，树大深松；沙土浅松；土湿浅松，土干深松。一般松土除草的深度为 5～15 cm，加深时可增大到 20～30 cm。

(四)越冬管理措施

(1)灌封冻水。在冬季土壤易冻结的地区，于土地封冻前，灌足一次水，称为"封冻水"。灌封冻水的时间不宜过早，否则会影响抗旱力。一般以"日化夜冻"期间灌水为宜，这样到了封冻以后，树根周围就会形成冻土层，以使根部温度保持相对稳定，不会因外界温度骤然变化而使植物受害。

(2)根颈培土。冻水灌完后结合封堰，在树木根颈部培起直径 80～100 cm、高 40～50 cm 的土堆，防止低温冻伤根颈和树根，同时也能减少土壤水分的蒸发。

(3)覆土。在土地封冻以前，可将枝干柔软、树身不高的乔灌木压倒固定，盖一层干树叶(或不盖)，覆细土 40～50 cm，轻轻拍实。此法不仅可防冻，还能保持枝干湿度，防止枯梢。耐寒性差的树苗、藤本植物多用此法防寒。

(4)扣筐(筻)或扣盆。一些植株较矮小的珍贵花木(如牡丹等)，可采用扣筐或扣盆的方法。这种方法不会损伤原来的株形。即用大花盆或大筐将整个植株扣住。外边堆土或抹泥，不留一点缝隙，给植物创造比较温暖、湿润的小气候条件，以保护株体越冬。

(5)架风障。为减轻寒冷干燥的大风吹袭造成的树木冻旱伤害，可以在树的上风方向架设风障，架风障的材料常用高粱秆、玉米秆捆编成篱或用竹篱加芦苇等。风障高度要超过树高，常用杉木、竹竿等支牢或钉以木桩绑住，以防大风吹倒，漏风处再用稻草在外披覆好，绑以细棍夹住，或在席外抹泥填缝。

(6)涂白与喷白。用石灰加石硫合剂对枝干涂白，可以减少向阳面皮部因昼夜温差过大而受到的伤害，同时还可以杀死一些越冬的害虫。对花芽萌动早的树种，进行树身喷白，还可延迟开花，以免遭受晚霜的危害。

(7)春灌。早春土地开始解冻后，及时灌水(又称返青水)，经常保持土壤湿润，可以降低土温，延迟花芽萌动与开花，避免晚霜危害。也可防止春风吹袭，使枝梢干枯。

(8)培月牙形土堆。在冬季土壤冻结、早春干燥多风的大陆性气候地区,有些树种虽耐寒,但易受冻旱的危害而出现枯梢。尤其是在早春,土壤尚未化冻,根系难以吸水供应,而空气干燥多风,气温回升快,蒸发量大,经常因生理干旱而枯梢。针对这种情况,对不便弯压埋土防寒的植株,可于土壤封冻前,在树干北面,培一向南弯曲,高30~40 cm的月牙形土堆。早春可挡风,反射和累积热量使穴土提早化冻,根系能提早吸水和生长,可避免冻旱的发生。

(9)卷干、包草。对于不耐寒的树木(尤其是新栽树),要用草绳道道紧接地卷干或用稻草包裹主干和部分主枝来防寒。包草时草梢向上,开始半截平铺于地,从干基折草向上,连续包裹,每隔10~15 cm横捆一道,逐层向上至分枝点。必要时可再包部分主枝。此法防寒,应于晚霜后拆除,不宜拖延。

(10)防冻打雪。在下大雪期间或之后,应把树枝上的积雪及时打掉,以免雪压过久过重,使树枝弯垂,难以恢复原状,甚至折断或劈裂。尤其是枝叶茂密的常绿树,更应及时组织人员持竿打雪,防止雪压折树枝。对已结冰的枝,不能敲打;如结冰过重,可用竿支撑,待化冰后再拆除支架。

(11)树基积雪。在树的基部积雪可以起到保持一定低温,免除过冷大风侵袭,在早春可增湿保墒,降低土温,防止芽的过早萌动而受晚霜危害等作用。在寒冷干旱地区,尤为必要。

(五)越夏管理措施

部分地区由于夏季的高温炎热,常会引起植物的枯萎,尤以花卉草本、小灌木为多。夏季高温导致植物的枯萎,与其蒸腾失水有直接的关系。当气温太高时,植物叶片的过量蒸腾导致失水大于吸水,从而引起植物体内水分平衡的破坏而导致植物萎蔫死亡。因此,盛夏少雨的干旱季节,加强植物的水分管理有重要的意义。

(1)灌溉淋水。灌溉淋水使土壤中水分含量提高,植物就可能从中吸收更多的水分,使植物由于蒸腾失去的水分得到补偿。

(2)卷干。雨季绿化施工时,除了苗木应带土球出圃外,种植后可对树干及大枝用稻草绳缠绕,减少植物的失水。

(3)修剪枝叶。对刚种植的植物,通过修剪枝叶,减少叶片面积,从而减少总的蒸腾量,维持植物体内水分的平衡。

(4)架设遮阳网。通过架设遮阳网,降低光照强度或光照时间,减少水分的蒸腾。特别是对于新种植的园林植物,采用这种方法效果较好。

(5)喷施蒸腾抑制剂。喷施蒸腾抑制剂可减少水分蒸腾,此法多用于新定植的常绿园林树木。

(6)叶面喷雾。在高温条件下,植物根系吸水能力下降,而蒸腾速率上升,植物出现生理干旱,为防止体内过度失水,植物体会自动关闭气孔,以减少水分的流失。但多数情况下,植物体自身的蒸腾降温调节功能失灵。在管理上采用叶面喷雾,一方面可增加湿度,减弱蒸腾作用;另一方面可降低温度,避免热害发生。

(六)木本植物养护管理工作月历

工作月历是当地园林部门制定的每月对园林植物进行养护管理的主要内容,具有指导性意义,详见下表。

园林植物养护管理工作月历	
月份	养护管理内容
1月	全年最冷月份,陆地树木处于休眠状态。 (1)冬季修剪:全面开展对落叶树的整形修剪作业,对小乔木枯、残、病枝及妨碍架空线和建筑物的枝杈进行修剪; (2)行道树检查:及时检查行道树的绑扎情况,发现问题及时整改; (3)防治虫害:冬季是消灭虫害的有利时期,可在疏松的土壤中挖出刺蛾的虫蛹、虫茧,集中烧死,注意蚧壳虫的活动;彻底清除越冬的皮虫囊、刺蛾茧以及潜伏的越冬害虫; (4)绿地养护:绿地、花坛注意挑出大型野草,草坪及时挑草、切边,绿地要注意防冻浇水;经常注意检查防寒设备、设施及乔木防寒包扎物
2月	气温较上月有所回升,树木仍处于休眠状态。 (1)养护基本与1月份相同; (2)修剪:进行园林树木的冬季整形修剪,继续对大小乔木进行修剪,月底前把树木修剪完; (3)病虫害防治:继续以刺蛾和蚧壳虫为主
3月	气温继续回升,中旬以后,树木开始萌芽,下旬有些树木开花。 (1)植树:春季植树是最有利时机,抓紧道路绿化,补种大小乔木灌木,做好规划设计,事先刨好坑,随挖随运、随种随浇水; (2)春灌:因春季干旱多风,蒸发量大,为防止春旱,对绿地应及时灌水; (3)施肥:土壤过冬之后,对植物施基肥; (4)此月为防病虫害关键时期,天气渐暖,许多病虫害即将发生,要维护修理好各种除虫防病器械并准备好药品,注意蚜虫、草履蚧等虫害的发生,做到及时防治
4月	气温上升比较快,树木均萌发开花或展叶,开始进入旺盛生长期。 (1)继续植树:4月上旬加紧种萌芽比较晚的灌木和小乔木,对冬季死亡的草本植物进行栽植,对新种的树木充分浇水; (2)灌水:春雨不足时期,要对绿化带进行浇灌; (3)施肥:对红花继木等小灌木追施速效氮肥,或根据要求进行叶面喷施; (4)修剪:对冬季死亡的植物枯枝进行修剪,可以修剪常绿绿篱; (5)防治病虫害:蚧壳虫在第二次蜕皮以后,针对蚧壳虫进行防治工作。抓好蛴虫、螨虫、地老虎、蚜蟥、蝼蛄等虫害及白粉病、锈病的防治工作; (6)草花:按需求做好"五一"花卉种植,注意做好浇水工作
5月	气温开始上升,树木生长迅速。 (1)浇水:此月是植物展叶盛期,需水量大,适当浇水; (2)修剪:对春季开花的灌木进行花后修剪和绿篱修剪,按技术操作要求,对行道树进行剥芽修剪,对发生萌蘖的小苗根部随时修剪剥除; (3)施肥:继续加强新栽树木的养护管理工作,做好补苗、间苗、定苗工作,增施追肥、勤施薄肥; (4)防治病虫害:刺蛾第一代孵化,虽没到危害程度,根据养护区的实际情况,做出相应措施,蚧壳虫和蚜虫引起的煤污病也进入了盛发期,要进行防治工作

续表

月份	养护管理内容
6月	气温上升到一定高度,进入高温期。 (1)浇水:植物需水量较大,要及时浇水,不能"看天吃饭"; (2)施肥除草:结合松土除草,浇水施肥可取得最好的效果; (3)修剪:继续做好对行道树的除蘖工作,对绿篱、球状类植株及部分花灌木实施修剪; (4)排水工作:有大雨天要实时关注绿化带积水情况,做好花坛排水工作; (5)防治病虫害:大量的病虫害在这个月发生,着重防治袋蛾、刺蛾、毒蛾、尺蛾、龟蜡蚧、黄杨卷叶螟等害虫和叶斑病、炭疽病、煤污病等病害; (6)做好树木防汛防台工作,对松动、倾斜的树木进行扶正、加固,重新包扎
7月	高温期到来,中旬多发生大风大雨情况。 (1)除草:本月气候炎热,杂草生长快,要继续中耕除草、疏松土壤; (2)病虫害防治:袋蛾、刺蛾、天牛、龟蜡蚧、盾蚧、第二代吹绵蚧、螨类等害虫大量发生,应注意防治,同时要继续防治炭疽病、白粉病、叶斑病等病害; (3)施追肥:在下雨天前干施氮肥、速效肥; (4)行道树:进行防治、剥芽修剪,对与高空建筑有矛盾的树枝一律修剪,并对小乔木的树桩逐个检查,发现松垮、不稳应该立即扶正绑紧;事先做好劳动组织及物资材料、工具设备等方面的准备,并随时派人检查,发现问题及时处理; (5)中耕除草,松土,特别是需加强花后苗木的施肥,以补充体内营养; (6)绿篱等需整形修剪的植物加强修剪
8月	雨季到来。 (1)排涝:大雨过后,对低洼积水处要及时排涝; (2)行道树防台工作:继续做好行道树防台工作; (3)修剪:除一般树木修剪以外,要对绿篱进行造型修剪; (4)中耕除草:杂草生长旺季,要及时除草,并可结合除草进行施肥; (5)防治病虫害:认真防治危害树木的主要害虫(袋蛾、第二代刺蛾、天牛、螨虫类等)及主要病害(炭疽病、白粉病、叶斑病等),潮湿天气要注意腐烂病; (6)在长期不下雨阶段要做好抗旱浇水工作
9月	持续高温,做好相关迎国庆工作。 (1)修剪:对行道树三级分叉以下进行剥芽,绿篱造型修剪,绿地内除草,草坪切边,及时清理死树,做到树木青枝绿叶,绿地干净整齐; (2)施肥:对一些生长比较弱,枝条不够充实的树木,应追加磷钾肥; (3)草花:迎国庆,更换草花,选择颜色鲜艳的草花品种,注意要浇水充足; (4)防治病虫害:桃、梅等处于穿孔病发病高峰期,采用多菌灵等药物防治,检查发生较多的蚜虫、袋蛾、刺蛾、褐斑病及花灌木煤污病等病虫害情况,及时防治; (5)节日前做好各类绿化设施的检查工作

续表

月份	养护管理内容
10月	气温上旬持续,下旬气温下降。 (1)病虫害防治:要注意观察防治香樟樟巢螟; (2)修剪:去除植物上的病虫枝,及时去除死树; (3)施肥:单株植物生长不良加紧施肥; (4)浇水:及时浇水,在上旬时刻关注绿化带土壤水分; (5)苗木停止生长后,检查成活率,保证冬春绿化工作的顺利进行
11月	本月可以移栽许多常绿树木和少数落叶树木。 (1)进行冬季树木整形修剪,剪除病枝、枯枝、虫卵枝及竞争枝、过密枝等;修剪行道树,操作时要严格掌握操作规程和技术要求; (2)继续做好除害灭菌工作,特别是除袋蛾囊、刺蛾茧等; (3)做好防寒工作,对部分树木进行涂白,或用草绳包扎,或设风障; (4)进行冬翻,改良土壤
12月	低气温,开始冬季养护工作。 (1)对常绿灌木、乔木进行修剪; (2)消灭越冬的病虫害; (3)做好明年的工作准备,对养护区进行观察,制订明年的补种计划

计 划 单

学习领域	园林植物生产技术			
学习项目	项目 4	乔木生产技术		
	任务 1	常绿乔木生产技术（以桂花为例）	学时	20
计划方式	学生计划、教师引导			

序号	实施步骤	使用资料

制订计划说明	

计划评价	班级		第 组	组长签名	
	教师签名			日期	
	评语：				

决策单

学习领域	园林植物生产技术			
学习项目	项目4	乔木生产技术		
	任务1	常绿乔木生产技术（以桂花为例）	学时	20

方案讨论：

	序号	任务耗时	任务耗材	实现功能	实施难度	安全可靠性	环保性	综合评价
方案对比								

方案评价	评语：

班级		组长签名		教师签名		年 月 日

材料工具清单

学习领域	园林植物生产技术			
学习项目	项目 4	乔木生产技术		
	任务 1	常绿乔木生产技术（以桂花为例）	学时	20
序号	名称	数量	使用前	使用后

实施单

学习领域		园林植物生产技术		
学习项目	项目4	乔木生产技术		
	任务1	常绿乔木生产技术（以桂花为例）	学时	20
实施方式		小组合作、动手实践		

序号	实施步骤	使用资源

实施说明	
班级		第　　组	组长签名	
教师签名			日期	

作业单

学习领域	园林植物生产技术			
学习项目	项目 4	乔木生产技术		
	任务 1	常绿乔木生产技术（以桂花为例）	学时	20
作业方式	资料查阅、现场操作			
1	常绿乔木桂花应采用哪种育苗方式？请说明理由。			
作业解答				
2	桂花所采用的育苗方式具体操作步骤如何？			
作业解答				
3	桂花的栽植步骤及注意事项有哪些？			
作业解答				
4	桂花养护管理的内容主要包括哪些？			
作业解答				
作业评价	学号		姓名	
	班级	第　组	组长签名	
	教师签名		教师评分	
	评语：			

检查单

学习领域		园林植物生产技术			
学习项目	项目4	乔木生产技术			
	任务1	常绿乔木生产技术（以桂花为例）	学时	20	
序号	检查项目	检查标准	学生自查	教师检查	
1	资讯问题	回答认真准确			
2	桂花育苗方式选择	正确合理			
3	育苗成果	操作正确熟练			
4	栽培过程及注意事项	梳理完整规范			
5	养护工作	工作月历编写全面合理			
6	团队协作	小组成员分工明确、积极参与			
7	所用时间	在规定时间内完成布置的任务			

检查评价	班级		第　　组	组长签名	
	教师签名			教师评分	
	评语：				

评价单

学习领域	园林植物生产技术			
学习项目	项目 4	乔木生产技术		
	任务 1	常绿乔木生产技术(以桂花为例)	学时	20

项目类别	检查项目	学生自评	组内互评	教师评价
专业能力 (60%)	资讯(10%)			
	计划(10%)			
	实施(15%)			
	检查(10%)			
	过程(5%)			
	结果(10%)			
社会能力 (20%)	团队协作(10%)			
	敬业精神(10%)			
方法能力 (20%)	计划能力(10%)			
	决策能力(10%)			

检查评价	班级		第　　组	组长签名	
	教师签名			教师评分	
	评语:				

教学反馈单

学习领域		园林植物生产技术			
学习项目	项目4	乔木生产技术			
	任务1	常绿乔木生产技术（以桂花为例）		学时	20
序号	调查内容		是	否	理由陈述
1	你是否明确本学习任务的学习目标？				
2	你是否完成本学习任务？				
3	你是否达到了本学习任务对学生的要求？				
4	资讯的问题，你是否都能回答？				
5	你是否熟悉常绿乔木的生长发育规律？				
6	你是否能正确进行常绿乔木播种育苗？				
7	你是否掌握了常绿乔木扦插育苗技术？				
8	你是否熟悉常绿乔木嫁接的各种方法？				
9	你是否熟悉常绿乔木的栽植技术？				
10	你是否熟悉常绿乔木养护的内容？				
11	你是否独立完成了常绿乔木养护的工作月历的编写？				
12	你是否喜欢这种上课方式？				
13	通过几天的工作学习，你对自己的表现是否满意？				
14	你对本小组成员之间的合作是否满意？				
15	你认为本学习任务还应学习哪些方面的内容？（请在下方意见栏中填写）				
16	学习本学习任务后，你还有哪些问题不明白？哪些问题需要解决？（请在下方意见栏中填写）				
你的意见对改进教学非常重要，请写出你的意见与建议。					
被调查人签名			调查时间		

任务 2　落叶乔木生产技术

任务单

学习领域		园林植物生产技术		
学习项目	项目 4	乔木生产技术		
	任务 2	落叶乔木生产技术（以银杏为例）	学时	20
布置任务				
学习目标	（1）掌握落叶乔木生长规律，熟悉其各生长阶段的特性及需求。 （2）熟悉落叶乔木（以银杏为例）的生产苗圃地准备、育苗技术、栽培技术、养护技术。 ①学会运用播种繁殖技术培育实生苗； ②能够利用扦插技术培育扦插苗； ③能够根据不同嫁接方式，获得嫁接苗； ④能够进行分株繁殖，获得新苗木； ⑤学会对实生苗、营养繁殖苗进行养护管理。 （3）了解落叶乔木的园林应用形式。			
任务描述	1. 工作任务：银杏苗木的生产、栽植、养护 ①			

2. 完成工作任务需要学习以下主要内容

(1)熟悉银杏生长发育规律；
(2)确定银杏繁殖可以采用哪些方式；
(3)掌握银杏栽植的过程及注意事项；
(4)熟悉银杏养护管理的内容。

学时安排	资讯6,计划2,决策1,实施8,检查2,评价1。
提供资料	(1)潘利主编的《园林植物栽培与养护》(机械工业出版社2015年出版); (2)成海钟、陈立人主编的《园林植物栽培与养护》(中国农业出版社2015年出版); (3)唐蓉、李瑞昌主编的《园林植物栽培与养护》(科学出版社2014年出版); (4)佘远国主编的《园林植物栽培与养护管理》(机械工业出版社2009年出版); (5)龚维红主编的《园林植物栽培与养护》(中国建材工业出版社2012年出版); (6)魏岩主编的《园林植物栽培与养护》(中国科学技术出版社2003年出版); (7)庞丽萍、苏小惠主编的《园林植物栽培与养护》(黄河水利出版社2012年出版); (8)石进朝主编的《园林植物栽培与养护》(中国农业大学出版社2012年出版); (9)罗锯主编的《园林植物栽培与养护(第3版)》(重庆大学出版社2016年出版)。
对学生的要求	**1.知识技能要求** (1)熟悉落叶乔木各阶段生长发育的特性; (2)列出落叶乔木播种繁殖的操作步骤,学会播种繁殖; (3)列出落叶乔木扦插繁殖的操作步骤,学会扦插繁殖; (4)列出落叶乔木嫁接繁殖的操作步骤,学会嫁接繁殖; (5)列出落叶乔木分株繁殖的操作步骤,学会分株繁殖; (6)列出落叶乔木繁殖后的栽植过程及步骤; (7)列出落叶乔木大树移植的栽植过程; (8)学会对落叶乔木银杏的养护管理,列出养护管理具体内容; (9)本任务结束时需上交2种不同繁殖方法的操作方案,以及相应的栽植、养护、管理方案,要按时、按要求完成。 **2.生产安全要求** 严格遵守操作规程,注意自身安全。 **3.职业行为要求** (1)着装整齐; (2)遵守课堂纪律; (3)具有团队合作精神; (4)按时清洁、归还工具。

资讯单

学习领域	园林植物生产技术		
学习项目	项目4	乔木生产技术	
	任务2	落叶乔木生产技术（以银杏为例）	学时 20
资讯方式	学生自主学习、教师引导		
资讯问题	(1)落叶乔木的生命周期中，各阶段有哪些特点？ (2)银杏的生长有哪些特殊的要求？ (3)银杏的播种繁殖应如何进行？如何提高其发芽率？ (4)落叶乔木的扦插应如何进行？银杏能否用扦插繁殖？如可以用扦插繁殖，应选择硬枝扦插还是软枝扦插？ (5)落叶乔木嫁接繁殖有哪些方式？应如何操作？银杏繁殖能否用嫁接？如果可以，应选择哪种树种作为砧木？ (6)落叶乔木的分株繁殖有哪些类型？应如何操作？银杏能否用分株进行繁殖？如不能，说明理由；如能，请阐述具体的操作方式。 (7)对于银杏，选择2种繁殖率高的方式，撰写操作步骤，并进行实践操作，完成作品。 (8)繁殖苗应如何进行栽培管理？阐述其栽培管理的技术要点。 (9)银杏大苗应如何进行移植？阐述其具体操作过程。 (10)银杏养护管理的具体内容有哪些？撰写银杏养护的工作月历。		
资讯引导	(1)落叶乔木的生长规律参阅潘利主编的《园林植物栽培与养护》（机械工业出版社2015年出版）； (2)园林植物的各种繁殖方法，播种、扦插、嫁接、压条等具体操作方法参阅成海钟、陈立人主编的《园林植物栽培与养护》（中国农业出版社2015年出版）； (3)园林植物的栽植及养护管理内容参阅龚维红主编的《园林植物栽培与养护》（中国建材工业出版社2012年出版）与魏岩主编的《园林植物栽培与养护》（中国科学技术出版社2003年出版）； (4)各种繁殖方法及栽植过程，参见相关网络视频。		

信息单

学习领域	园林植物生产技术		
学习项目	项目4	乔木生产技术	
	任务2	落叶乔木生产技术（以银杏为例）	学时 20
资讯方式	学生自主学习、教师引导		
信息内容			

一、落叶乔木播种育苗（银杏）

秋季采收种子后，去掉外种皮，将带中果皮的种子晒干，当年即可冬播或翌年春播（若春播，必须先进行混沙层积催芽）。播种时，将种子胚芽横放在播种沟内，播后覆土3～4 cm厚并压实。当年幼苗可长至15～25 cm高，秋季落叶后，即可移植。必须注意的是，播种繁殖，要建立专门的苗圃。苗圃应选地势较高、排水良好、水源充足、灌溉方便的地方，同时要精耕细作，整平地面，施足底肥，并要注意防治地下害虫。播种数量，视白果大小而定，一般667 m²播种25 kg左右，可出苗1.5万～2万株。播种行距20～30 cm，株距10 cm，畦播、沟播均可。开沟播种时，先浇底水，再将白果侧放于沟内，如已出芽，将芽尖向下放置，然后覆土约3 cm，然后再盖一层塑料薄膜，以保持湿度和温度。当胚芽出土后适当通气，逐渐揭开薄膜。6月份以后，有条件的应进行遮阴。第1年银杏苗木嫩弱，不宜施过量化肥，要掌握薄肥淡施。如遇大雨，要及时排水并要适时松土。

具体播种前种子和土壤的处理准备、播种方法及播种后的管理见常绿乔木的播种育苗内容。

二、落叶乔木分蘖繁殖

大树根部易产生大量萌蘖，任其自然生长多年，则可形成"怀中抱子"的银杏园林风景。如果切除根蘖繁殖苗木，不但节省种子，而且生长快，开花结果早。

分蘖繁殖可采用两种方法：一是利用原有根蘖切离繁殖；二是挖沟断根促发新蘖繁殖。

利用原根蘖切离繁殖是最简便的方法，每年七八月间，在根蘖茎部先进行环形剥皮然后培土，经过1个多月后环剥处就能发出新根，第2年春天就可切离母体直接定植。挖沟断根促发新蘖，在秋季进行，届时在大银杏树附近适当的地方，挖深、宽各50 cm的环状沟，切断侧根，再填混有肥料的土壤，生长1年即可切离形成新苗。利用分蘖繁殖的小苗，可以直接定植，不需在苗圃里再进行培育，因此，名为分蘖育苗，实为分蘖定株。

三、落叶乔木扦插繁殖

(1)老枝扦插。一般于春季3—4月剪取母株上1～2年生健壮、充实的枝条，剪成每段10～15 cm长的插条，扦插于细黄沙或疏松的土壤中，插后浇足水，保持土壤湿润，约40 d即可生根。成活后，进行正常管理。第2年春季即可移植。此法适用于大面积绿化育苗等。

(2)嫩枝扦插。在7月上旬,取下当年生半木质化枝条,剪成两芽一节的插穗或三芽一节的插穗,用100 mg/kg ABT生根粉浸泡后,插入透气沙质土壤苗床,注意遮阴,保持空气湿度,待发根后再带土移栽。

具体扦插前的准备、扦插方法、扦插后的管理见常绿乔木扦插育苗内容。

四、嫁接育苗(银杏)

嫁接繁殖是银杏栽培中主要的繁殖方法,可提早结果,使植株矮化、丰满、丰产。

一般于3月中旬至4月上旬采用皮下枝接、剥皮接或切接等方法进行嫁接。接穗多选自20~30年生、生长力强、结果旺盛的植株。一般选用3~4年生具有4个左右短枝的枝作接穗,每株一般3~5枝。嫁接后5~8年开始结果。

具体方法见常绿乔木嫁接育苗方法。

五、落叶乔木栽植技术

(一)起苗

起苗是园林树木栽植过程中的重要技术环节,也是影响栽植成活率的首要因素,必须加以认真对待。苗(树)木的挖掘与处理应尽可能多地保护根系,特别是根须。这类根吸收水分与营养的功能最强,其数量的明显减少,会造成栽植后树木生长的严重障碍,降低树木恢复的速度。根据苗木根系暴露的状况,可以分为裸根挖掘和带土球挖掘。

1. 挖掘前的准备

挖掘前的准备工作包括挖掘对象的确定、包装材料及工具器械的准备等。首先,要按计划选择并标记选中的苗(树)木,其数量应留有余地,以弥补可能出现的损耗;其次,进行拢冠,即对于分枝较低、枝条长而比较柔软的苗(树)木,应先用粗草绳将较粗的枝条向树干绑缚,再用草绳打几道横箍,分层捆住树冠的枝叶,然后用草绳自下而上将各横箍连接起来,使枝叶收拢,以便操作与运输,减少树枝的损伤与折裂。对于分枝较高,树干裸露,皮薄而光滑的树木,因其对光照与温度的反应敏感,若栽植后方向改变易发生日灼和冻害,故在挖掘时应在主干较高处的北面用油漆标出"N"字样,以便按原来的方向栽植。

2. 裸根起挖

绝大部分落叶树种可行裸根起苗。挖掘开始时,先以树干中心为圆心,以胸径的4~6倍为半径划圆,于圆外绕树起苗,垂直挖至一定深度,切断侧根,然后于一侧向内深挖,适当摇动树干查找深层粗根的方位,并将其切断,如遇难以切断的粗根,应把四周土壤掏空后,用手锯锯断,切忌强按树干和硬切粗根,造成根系劈裂。根系全部切断后,放倒苗木,轻轻拍打外围土块,对已劈裂的根应进行修剪。如不能及时运走,应在原穴用湿土将根覆盖好,进行短期假植。如较长时间不能运走,应集中假植。干旱季节还应设法保持土壤的湿度。

根系的完整和受损程度是决定挖掘质量的关键,树木的良好有效根系,是指在地表附近形成的由主根、侧根和须根所构成的根系整体。一般情况下,经移植养根的树木在挖掘过程中所能携带的有效根系,水平分布幅度通常为主干直径的6~12倍;垂直分布深度，约为主干直径的4～6倍。一般深根系树种多在60～80 cm，浅根系树种多在30～40 cm。绿篱用扦插苗木的挖掘，有效根系的携带量通常为水平幅度20～30 cm，垂直深度15～20 cm。起苗前如天气干燥，应提前2～3 d对起苗地灌水，使土质变软，便于操作，多带根系；根系充分吸水后，也便于储运，利于成活。而野生和直播实生树的有效根系分布距主干较远，故在计划挖掘前，应提前1～2年挖沟盘根，以培养可挖掘携带的有效根系，提高移栽成活率。树木起出后要注意保持根部湿润，避免因日晒风吹而失水干枯，并做到及时装运、及时种植。运输距离较远时，根系应打浆保护。

3. 带土球起挖

较难成活的裸根植物起挖要带土球，土球的大小、土球苗的起挖方法和注意事项以及土球包扎的方法同常绿乔木的操作方法。

（二）栽植

栽植也称定植，是根据设计要求，对树木进行定位栽植的行为。定植后的树木，一般在较长时间内不再被移植。定植前，应对树木进行核对分类，以避免栽植中的混乱出错，影响设计效果。此外，还应对树木进行质量分级，要求根系完整、树体健壮、芽体饱满、皮色光泽、无病虫害，对畸形、弱小、伤口过多等质量很差的树木，应及时剔出，另行处理。远地购入的裸根树木，若因途中失水较多，应解包浸根一昼夜，等根系充分吸水后再行栽植。

1. 栽植修剪

园林树木栽植修剪的目的，主要是提高成活率和培养树形，同时减少自然伤害。因此应对树冠在不影响树形美观的前提下进行适当修剪。修剪量依不同树种及景观要求有所不同。对于较大的落叶乔木，尤其是生长势较强、容易抽出新枝的树种，如杨、柳、槐等，可进行强修剪，树冠可减少1/2以上，这样既可减轻根系负担、维持树体的水分平衡，也可减弱树冠招风、防止体摇，增强树木定植后的稳定性。具有明显主干的高大落叶乔木应保持原有树形，适当疏枝，对保留的主侧枝应在健壮芽上短截，可剪去枝条的1/5～1/3。无明显主干、枝条茂密的落叶乔木，干径10 cm以上者，可疏枝保持原树形；干径为5～10 cm的，可选留主干上的几个侧枝，保持适宜树形进行短截。枝条茂密具有圆头形树冠的常绿乔木可适量疏枝，枝叶集生树干顶部的树木可不修剪。具轮生侧枝的常绿乔木，用作行道树时，可剪除基部2～3层轮生侧枝。常绿针叶树，不宜多修剪，只剪除病虫枝、枯死枝、生长衰弱枝、过密的轮生枝和下垂枝。用作行道树的乔木，定干高度宜大于3 m，第一分枝点以下枝条应全部剪除，分枝点以上枝条酌情疏剪或短截，并应保持树冠原形。珍贵树种的树冠，宜尽量保留，以少剪为宜。

2. 树木栽植

1）栽植深度与方向

栽植深度应以新土下沉后，树木基部原来的土印与地平面相平或稍低于地平面（3～5 cm）为准。栽植过浅，根系经风吹日晒，容易干燥失水，抗旱性差；栽植过深，树木生长不旺，甚至造成根系窒息，几年内就会死亡。

苗木栽植深度也因树木种类、土壤质地、地下水位和地形地势而异。一般发根（包括不定根）能力强的树种（如杨、柳、杉等）和穿透力强的树种（如悬铃木、樟树等）可适当深栽；榆树可以浅栽。土壤黏重、板结应浅栽；质地疏松可深栽。土壤排水不良或地下水位过高应浅栽；土壤干旱、地下水位低应深栽；坡地可深栽，平地和低洼地应浅栽，甚至须抬高栽植。此外栽植深度还应注意新栽植地的土壤与原生长地的土壤差异。如果树木从原来排水良好的立地移栽到排水不良的立地上，其栽植深度应比原来浅5~10 cm。

苗木，特别是主干较高的大树，栽植时应保持原生长的方向。因为树干和枝叶原来的生长方向不同，组织结构的充实程度或抗性存在着差异，朝西北面的结构坚实（年轮窄就是证明），抗性强。如果原来树干朝南的一面栽植时朝北，冬季树皮容易冻裂，夏季容易遭受日灼。此外还有阴阳生叶的差异。若无冻害或日灼，应把观赏价值高的一面朝向主要观赏方向。栽植时除特殊要求外，树干应垂直于东西、南北两条轴线。

2）栽苗

先量好已挖坑穴的深度与土球高度是否一致，对坑穴作适当填挖调整后，再放苗入穴。在土球四周下部垫入少量的土，使树直立稳定，然后剪开包装材料。将不易腐烂的材料一律取出。为防栽后灌水土塌树斜，填入表土至一半时，应用木棍将土球四周砸实，再填至满穴并砸实（注意不要弄碎土球），做好灌水堰，最后把捆拢树冠的草绳等解开取下。如果是容器苗，必须从容器中脱出以后栽植。在主干垂直于水平面后分层向土球四周围土踩实。

3）立支架

为防止灌水后土壤松软沉降，树体发生倾斜倒伏现象，尤其是在多风地区，会因摇动树根影响成活，所以须立即扶正。扶树时，可先将树体根部背斜一侧的填土挖开，将树体扶正后还土踏实。特别是对带土球树体，切不可强推猛拉、来回晃动，以免土球松裂，影响树成活。对新植树木，在下过一场透雨后，必须进行一次全面的检查，发现树体已经晃动的应紧土夯实；树盘泥土下沉空缺的，应及时覆土填充，防止雨后积水引起烂根。此项工作在树木成活前要经常检查，及时采取措施。

栽植胸径5 cm以上的树木时，特别是在栽植季节有大风的地区，植后应立支架固定，以防冠动根摇，影响根系恢复生长。常用通直的木棍、竹竿做支柱，长度视苗高而异，以能支撑树的1/3~1/2处即可。一般用长1.7 m、粗5~6 cm的支柱。但要注意支架不能钉在土球或骨干根系上。立支架时捆绑不要太紧，应允许树木能适当地摆动，以利提高树木的机械强度，促进树木的直径生长、根系发育，增加树木的尖梢度和抗风能力。如果支撑太紧，在去掉支架以后容易发生弯斜或翻倒。因此树木的支撑点应在防止树体严重倾斜或翻倒的前提下尽可能降低。裸根树木栽植常采用标杆式支架，即在树干旁打一杆桩，用绳索将树干缚扎在杆桩上，支架与树干间应衬垫软物。带土球树木常采用扁担式支架，即在树木两侧各打入一杆桩，杆桩上端用一横担缚连，将树干缚扎在横担上完成固定。有些带土球移栽的树木也可不进行支撑。三角柱或井字桩的固定作用最好，且有良好的装饰效果，在人流量较大的市区绿地中多用。

4）浇水

俗话说："树木成活在于水，生长快慢在于肥。"水是保证植树成活的重要条件，定植后必须连续浇灌几次水，尤其是气候干旱、蒸发量大的北方地区更应重视浇水。

（1）开堰、作畦。

①开堰。单株树木定植后，在植树坑（穴）的外围用细土培起15~20 cm高的土埂

称"开堰"。用脚将灌水埂踩实,以防浇水时跑水、漏水等。

②作畦。株距很近、连片栽植的树木,如绿篱、色块、灌木丛等可将几棵树或成条、块栽植的树木联合起来集体围堰,称"作畦"。作畦时必须保证畦内地势水平,确保畦内树木吃水均匀,畦壁牢固不跑水。

(2)灌水。

树木定植后必须连续浇灌3次水,以后应根据土壤墒情及时补水。黏性土壤,宜适量浇水,根系不发达树种,浇水量宜较多;肉质根系树种,浇水量宜少。秋季种植的树木,浇足水后可封穴越冬。干旱地区或遇干旱天气时,应增加浇水次数。新植树木应在当日浇透第一遍水,水量不宜过大,主要目的是通过灌水使土壤缝隙填实,保证树根与土壤紧密结合。在第一次灌水后应检查一次,发现树身歪倒应及时扶正,树堰被冲刷损坏处及时修整。然后再浇第二次水,仍以压土填缝为主要目的。浇第二次水距浇第一次水的时间为3~5 d,浇水后仍应扶直整堰。浇第三次水距浇第二次水7~10 d,此次水一定要灌透、灌足,即水分渗透到全坑土壤和坑周围土壤内,水浸透后应及时扶直。

在浇水中应注意两个问题,一是不要频繁少量浇水。因为这样浇水只能湿润地表几厘米的土层,诱使根系靠地表生长,降低树木抗旱和抗风能力;二是不要超量大水灌溉,否则不但赶走了根系正常发育的氧气,影响生长,而且还会促进病菌的发育,导致根腐,同时浪费水资源,因此只要树木根系周围的土壤经常保持湿润即可。

(3)封堰。

封堰是指将树堰埋平,即将围堰土埂平整覆盖在植株根际周围。封堰时间要依据树木习性、栽植季节、土壤质地等情况来定,不可千篇一律。封堰时土中如果含砖石杂质等物应拣出,否则会影响下一次开堰。封堰土堆应稍高于地面,使雨季中绿地的雨水能自行径流排出,不在树下堰内积水。秋季栽植应在树基部堆成30 cm高的土堆,以保持土壤水分,并保护树根,防止风吹摇动,以利成活。

5)树干包裹与树盘覆盖

(1)裹干。常绿乔木和干径较大的落叶乔木,定植后需进行裹干,即用草绳、蒲包、苔藓等具有一定的保湿性和保温性的材料,严密包裹主干和比较粗壮的一二级分枝。经裹干处理后,一可避免强光直射和干风吹袭,减少枝干的水分流失;二可保存一定量的水分,使枝干经常保持湿润;三可调节枝干温度,减少夏季高温和冬季低温对枝干的伤害。目前,也有附加塑料薄膜裹干的,此法在树体休眠阶段使用效果较好,但在树体萌芽前应及时撤出。因为塑料薄膜透气性能差,不利于被包裹枝干的呼吸作用,尤其是高温季节,内部热量难以及时散发,会灼伤枝干、嫩芽或隐芽,对树体造成伤害。树干皮孔较大而蒸腾量显著的树种,如樱花、鸡爪槭等,以及香樟、广玉兰等大多数常绿阔叶树种,定植后枝干包裹强度要大些,以提高栽植成活率。

(2)树盘覆盖。对于特别有价值的树木,尤其是在秋季栽植的常绿树,用稻草、腐叶土或充分腐熟的肥料覆盖树盘,沿街树池也可用沙覆盖,可提高树木移栽的成活率。因为适当地覆盖可以减少地表蒸发,保持土壤湿润和防止土温变幅过大。覆盖物的厚度至少是全部遮蔽覆盖区而见不到土壤。覆盖物一般应保留越冬,到春天揭除或埋入土中,也可栽种一些地被植物覆盖树盘。

六、落叶乔木养护管理

(一)养护管理工作的意义及内容

养护是根据不同园林树木的生长需要和某些特定的要求,及时对树木采取如施肥、灌溉、中耕除草、修剪、病虫害防治等园艺技术措施。管理指看管维护、绿地的清扫保洁等园务管理工作。

(二)养护管理的工作月历编写

树木的养护管理工作要顺应树木生长规律和生物学特性以及当地的气候条件来进行,并应据此编写工作月历,作为开展工作的依据。

(三)园林树木的土壤管理

1. 树木栽植前土壤类型的鉴别

树木栽植前土壤类型的鉴别见下图。

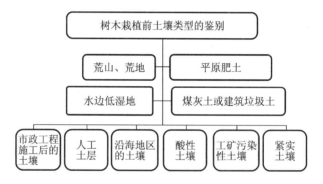

2. 树木栽植前的整地

(1)树木栽植前的整地工作及园林整地工作的内容与做法详见常绿乔木栽植的整地内容。

(2)整地季节。整地对改良土壤、蓄水保墒起着重要的作用,提前三个月以上进行较好,最好经过一个雨季,现整地现栽植效果不好。

3. 树木生长地的土壤改良及管理

(1)深翻熟化。

①深翻应结合施肥进行;

②深翻能促使根系向纵深发展;

③深翻季节以秋末冬初为宜;

④深翻深度一般为60~100 cm,最好比根系分布层稍深、稍远一些。

(2)培土。

(3)施有机肥。

(4)松土、除草。

(5)覆盖与种植地被物。

(四)园林树木的施肥

1. 施肥的意义和作用

(1)供给树木生长所需要的养分。

(2)改良土壤性质,施有机肥,疏松土壤,透水透气,促进根系发育。

(3)为土壤中微生物的繁殖与活动创造有利条件。

2. 施肥的原则

(1)掌握树木在不同物候期内需肥的特性。

(2)掌握树木需肥期因树种而不同。

(3)掌握树木吸肥与外界环境的关系。

(4)掌握肥料的性质。

3. 施肥的方法

1)土壤施肥

施肥深度一般为20~50 cm,施肥的范围一般在树冠垂直投影内。施肥的范围与深度还应随树木年龄的增加而加大。

(1)环状沟施肥法:在树冠垂直投影外缘挖宽30~40 cm的环状沟,深达根系分布层,施后覆盖土。

(2)放射沟施肥法:以树干为中心,由内向外由浅入深挖4~6条沟,施后覆盖土。

(3)穴状施肥法:在树冠垂直投影内,外缘多,内侧少,施后覆盖土。

2)追肥

在树木生长季节,根据需要施速效肥,促使树木生长,又称补肥。施肥的主要方法如下。

(1)根施法:开沟或挖穴,施在地表以下10 cm处,并结合灌水。

(2)根外追肥:将速效肥溶解于水,喷洒在植物的茎叶上,使叶片吸收利用,可结合病虫防治喷洒。

4. 注意事项

(1)有机肥要充分发酵、腐熟,化肥必须呈粉状。

(2)施肥后(尤其是追肥)必须及时适量灌水,以稀释土壤溶液浓度。

(3)根外追肥最好选在阴天或晴天傍晚进行,以免高温导致药害。

(五)自然灾害及其防治

1. 冻害

冻害是指树木因受低温的伤害而使细胞组织受伤,甚至死亡的现象。

1)冻害的表现

(1)芽。冻害多发生在春季回暖时期,遇倒春寒而受冻害,受冻后内部变褐色,外表松散,不能萌发,干枯死亡。

(2)枝条。休眠期以形成层最抗寒,皮层次之,而木质部、髓部最不抗寒。随受冻程度加重,髓部、木质部先后变色,严重冻害时韧皮部才受伤,如果形成层变色则表示枝条失去恢复能力。

(3)枝杈和基角。枝条的分杈处和主枝基角部进入休眠较晚,遇到昼夜温差变化较大时易引起冻害。主枝与树干的基角越小,枝杈基角冻害也越严重,受冻后皮层和形成层变褐色,干缩凹陷,有的树皮呈块状冻裂,有的顺主干冻裂或劈裂。

(4)主干。主干受冻后有的形成纵裂,称"冻裂"现象,树皮呈块状脱离木质部或沿裂缝方向卷折。原因是由于气温突然降到 0 ℃以下,树皮迅速收缩,使主干组织内外张力不均,而自外向内开裂,常发生在夜间,随着气温的变暖,冻裂处又可逐渐愈合。

(5)根颈和根系。根颈停止生长最迟,进入休眠最晚,春季活动最早,休眠解除较早,如果温度骤然下降,根颈未能得到很好的抗寒锻炼,同时地表温度变化又剧烈,易引起根颈的冻害。根颈受冻后,树皮先变色,而后干枯,可发生在局部,也可能形成环状,根颈受冻害对植株危害很大。根系无休眠期,较其他部分耐寒力差,但越冬期间根系活动明显减弱,故耐寒力较生长期略强。根系受冻后变褐色,皮部与木质部分离。一般粗根较细根耐寒力强,新栽的树或幼树根浅易受冻害,大树抗寒性强。

2)冻害的防治措施

(1)贯彻适地适树的原则。使树木适应当地的气候条件,耐寒性强可减少越冬防寒的工作量。

(2)加强栽培管理,提高抗寒性。春季加强管理,增施水肥,促进营养积累,保证树体健壮生长发育,8月下旬增施钾肥,及时排水,促进木质化,提早结束生长,进行抗寒锻炼。此外,在封冻前12月下旬灌一次封冻水,2月解冻后及时灌水能降低土温,推迟根系活动期,延迟花芽萌动,使之免受冻害。

(3)加强树体保护措施。①根颈处培土和覆盖;②涂白与喷白;③卷干或包草,针对新植树及不耐寒树种;④及时振落积雪,防止压伤压断树枝,将雪堆积于树木根部。发生雨凇应及时用竹竿打击枝叶上的冰,并设立支柱支撑。

2. 高温危害

树木在异常高温的影响下,生长下降,甚至会受到伤害。实际上这是在太阳强烈照射下树木所发生的一种热害,以仲夏和初秋最为常见。

高温对树木的影响,一方面表现为组织和器官的直接伤害——日灼病,另一方面表现为呼吸加速和水分平衡失调的间接伤害——代谢干扰。

(1)日灼。仲夏和初秋由于气温高,水分不足,蒸腾作用减弱,致使树体温度难以调节,造成枝干的皮层或其他器官表面的局部温度过高,伤害细胞生物膜,使蛋白质失活或变性,导致皮层组织或器官溃伤、干枯,严重时引起局部组织死亡,枝条表面被破坏,出现横裂,日灼部位干裂,甚至枝条死亡,导致幼树干枯,果实表面先出现水烫状斑块,后扩大至裂果或干枯。

(2)代谢干扰。树木在达到临界高温以后,光合作用开始迅速降低,呼吸作用继续增加,消耗了本来可以用于生长的大量碳水化合物,使生长下降。高温引起蒸腾速度的提高,也间接降低了树木的生长和加重了对树木的伤害。蒸腾失水过多,根系吸水量减少,造成叶片萎蔫,气孔关闭,光合作用进一步降低,有可能导致叶片或新梢枯死甚至全树死亡。

高温危害的防治措施如下。

①选择耐高温抗性强的树种。

②加强栽植前的抗性锻炼。如逐步疏开树冠和庇荫树。

③保持移栽植株较完整的根系,使土壤与根系充分接触。

④树干涂白。涂白多在秋末冬初进行,有的地区也在夏季进行。此外,树干缚草、涂泥及培土等也可防止日灼。

⑤加强树冠的科学管理。在整形修剪中,可适当降低主干高度,多留辅养枝,避免枝干的光秃和裸露。

⑥加强综合管理。在生长季要特别防止干旱,避免因各种原因造成的叶片损伤,防治病虫危害,合理施用化肥,特别是增施钾肥。

⑦加强受害树木的管理。对于已经遭受伤害的树木应进行审慎的修剪,去掉受害枯死的枝叶。皮焦区域应进行修整、消毒、涂漆,必要时还应进行桥接或靠接修补。

(六)树体的保护和修补

1. 树体的保护和修补原则

贯彻"防重于治"的精神,尽量防止各种灾害的发生,做好宣传工作,对造成的伤口应尽早治疗,防止扩大。

2. 树干伤口的治疗

对病、虫、冻、日灼或修剪造成的伤口,要用利刃刮干净并削平,用硫酸铜或石硫合剂等药剂消毒,并涂保护剂,如铅油、接蜡等。

对风折枝干,应立即用绳索捆缚加固,然后消毒涂保护剂,再用铁丝箍加固。

3. 补树洞

伤口浸染腐烂造成孔洞,芯腐会缩短寿命,应及时进行修补工作,方法如下。

(1)开放法:孔洞不深也不过大,清理伤口,改变洞形以利排水,涂保护剂。

(2)封闭法:树洞清理消毒后,以油灰(生石灰1份+熟桐油0.35份)或水泥封闭外层,加颜料做假树皮。

(3)填充法:树洞较大的可用水砂浆、石砾混合进行填充,洞口留排水面并做树皮。

4. 吊枝和顶枝

大树、老树树身倾斜不稳时,大枝下垂的应设立支柱撑好,连接处加软垫,以免损伤树皮,称为顶枝。吊枝多用于果树上的瘦弱枝。

5. 涂白

(1)目的:防治病虫害,推迟树木萌芽,防止冻害,避免日灼,整齐美观。

(2)制作与操作方法:用石灰、水与食盐等配成糊状涂白剂涂刷树干。要求搅拌成均匀糊状后使用。操作过程中,边涂边搅拌,涂刷均匀、高度一致(1.2 m)。

(3)涂白剂配方。

方一:500 g石灰+400 g水+食盐10 g。

方二:10份水+3份生石灰+0.05份盐+0.5份硫黄合剂原液。

方三:10份水+3份生石灰+0.05份盐+0.05份硫酸铜晶体。

计划单

学习领域		园林植物生产技术		
学习项目	项目4	乔木生产技术		
	任务2	落叶乔木生产技术（以银杏为例）	学时	20
计划方式		学生计划、教师引导		

序号	实施步骤	使用资料

制订计划说明	

计划评价	班级		第 组	组长签名	
	教师签名			日期	
	评语：				

决策单

学习领域	园林植物生产技术			
学习项目	项目 4	乔木生产技术		
	任务 2	落叶乔木生产技术（以银杏为例）	学时	20

方案讨论：

	序号	任务耗时	任务耗材	实现功能	实施难度	安全可靠性	环保性	综合评价
方案对比								

方案评价	评语：

班级		组长签名		教师签名		年 月 日

材料工具清单

学习领域	园林植物生产技术			
学习项目	项目 4	乔木生产技术		
	任务 2	落叶乔木生产技术（以银杏为例）	学时	20
序号	名称	数量	使用前	使用后

实施单

学习领域	园林植物生产技术			
学习项目	项目4	乔木生产技术		
	任务2	落叶乔木生产技术（以银杏为例）	学时	20
实施方式	小组合作、动手实践			

序号	实施步骤	使用资源

实施说明	

班级		第 组	组长签名	
教师签名			日期	

作业单

学习领域	园林植物生产技术			
学习项目	项目4	乔木生产技术		
	任务2	落叶乔木生产技术（以银杏为例）	学时	20
作业方式	资料查阅、现场操作			
1	落叶乔木银杏应采用哪种育苗方式？并说明理由。			
作业解答				
2	银杏所采用的育苗方式具体操作步骤如何？			
作业解答				
3	银杏的栽植步骤及注意事项有哪些？			
作业解答				
4	银杏养护管理的内容主要包括哪些？			
作业解答				
作业评价	学号		姓名	
	班级		第　　组	组长签名
	教师签名		教师评分	
	评语：			

检查单

学习领域		园林植物生产技术			
学习项目	项目4	乔木生产技术			
	任务2	落叶乔木生产技术(以银杏为例)		学时	20
序号	检查项目	检查标准		学生自查	教师检查
1	资讯问题	回答认真准确			
2	银杏育苗方式选择	正确合理			
3	育苗成果	操作正确熟练			
4	栽培过程及注意事项	梳理完整规范			
5	养护工作	工作月历编写全面合理			
6	团队协作	小组成员分工明确、积极参与			
7	所用时间	在规定时间内完成布置的任务			

检查评价	班级		第　　组	组长签名	
	教师签名			教师评分	
	评语:				

评价单

学习领域		园林植物生产技术			
学习项目	项目4	乔木生产技术			
	任务2	落叶乔木生产技术（以银杏为例）	学时	20	
项目类别	检查项目		学生自评	组内互评	教师评价
专业能力（60%）	资讯(10%)				
	计划(10%)				
	实施(15%)				
	检查(10%)				
	过程(5%)				
	结果(10%)				
社会能力（20%）	团队协作(10%)				
	敬业精神(10%)				
方法能力（20%）	计划能力(10%)				
	决策能力(10%)				
检查评价	班级		第 组	组长签名	
	教师签名			教师评分	
	评语：				

教学反馈单

学习领域		园林植物生产技术			
学习项目	项目 4	乔木生产技术			
	任务 2	落叶乔木生产技术(以银杏为例)		学时	20
序号	调查内容		是	否	理由陈述
1	你是否明确本学习任务的学习目标?				
2	你是否完成本学习任务?				
3	你是否达到了本学习任务对学生的要求?				
4	资讯的问题,你是否都能回答?				
5	你是否熟悉落叶乔木的生长发育规律?				
6	你是否能正确进行落叶乔木播种育苗?				
7	你是否掌握了落叶乔木扦插育苗技术?				
8	你是否熟悉落叶乔木嫁接的各种方法?				
9	你是否熟悉落叶乔木的栽植技术?				
10	你是否熟悉落叶乔木养护的内容?				
11	你是否独立完成了落叶乔木养护的工作月历的编写?				
12	你是否喜欢这种上课方式?				
13	通过几天的工作学习,你对自己的表现是否满意?				
14	你对本小组成员之间的合作是否满意?				
15	你认为本学习任务还应学习哪些方面的内容?(请在下方意见栏中填写)				
16	学习本学习任务后,你还有哪些问题不明白?哪些问题需要解决?(请在下方意见栏中填写)				
你的意见对改进教学非常重要,请写出你的意见与建议。					
被调查人签名			调查时间		

参 考 文 献

[1] 李国庆.草坪建植与养护[M].北京:化学工业出版社,2011.
[2] 张清丽,李军,张苏娟.草坪建植与养护[M].武汉:华中科技大学出版社,2014.
[3] 鲁朝辉,张少艾.草坪建植与养护[M].3版.重庆:重庆大学出版社,2014.
[4] 周兴元.草坪建植与养护[M].北京:中国农业出版社,2014.
[5] 周鑫,郭晓龙.草坪建植与养护[M].2版.郑州:黄河水利出版社,2015.
[6] 徐凌彦.草坪建植与养护技术[M].北京:化学工业出版社 2016.
[7] 郭志刚.球根类[M].北京:中国林业出版社,2001.
[8] 秦涛.花卉生产技术[M].重庆:重庆大学出版社,2016.
[9] 张树宝,王淑珍.花卉生产技术[M].3版.重庆:重庆大学出版社,2013.
[10] 陈春利,王明珍.花卉生产技术[M].北京:机械工业出版社,2013.
[11] 周淑香,李传仁.花卉生产技术[M].北京:机械工业出版社,2013.
[12] 杨云燕,陈予新.花卉生产技术[M].北京:中国农业大学出版社,2014.
[13] 潘利.园林植物栽培与养护[M].北京:机械工业出版社,2015.
[14] 成海钟,陈立人.园林植物栽培与养护[M].北京:中国农业出版社,2015.
[15] 唐蓉,李瑞昌.园林植物栽培与养护[M].北京:科学出版社,2014.
[16] 佘远国.园林植物栽培与养护管理[M].北京:机械工业出版社,2009.
[17] 龚维红.园林植物栽培与养护[M].北京:中国建材工业出版社,2012.
[18] 魏岩.园林植物栽培与养护[M].北京:中国科学技术出版社,2003.
[19] 庞丽萍,苏小惠.园林植物栽培与养护[M].郑州:黄河水利出版社,2012.
[20] 石进朝.园林植物栽培与养护[M].北京:中国农业大学出版社,2012.
[21] 罗镪,秦琴.园林植物栽培与养护[M].3版.重庆:重庆大学出版社,2016.